矸石电厂粉煤灰的活化及应用

陈 杰 编著

化学工业出版社

·北京·

本书详细阐述了煤矸石电厂粉煤灰的产生、特点、研究和应用现状，系统论述了其化学成分、微观形貌及矿物组成等理化特征，建立了矸石电厂粉煤灰火山灰反应动力学模型，揭示了矸石电厂粉煤灰的活化机理，提出了活化技术及活化参数。并系统阐述了矸石电厂粉煤灰制备矿山膏体充填材料的工艺及性能。此外还系统论述了粉煤灰提取氧化铝过程中热处理参数对浸出率的影响规律，建立了浸出反应动力学模型，揭示了其浸出机理。

本书适用于从事矿山工程、环境工程的科研人员、专业技术人员阅读，也可作为矿业工程、材料工程、环境工程专业研究生参考用书。

图书在版编目（CIP）数据

矸石电厂粉煤灰的活化及应用/陈杰编著.—北京：化学工业出版社，2020.3
ISBN 978-7-122-35940-7

Ⅰ.①矸… Ⅱ.①陈… Ⅲ.①粉煤灰-废物综合利用 Ⅳ.①X773.05

中国版本图书馆CIP数据核字（2020）第008492号

责任编辑：王 婧 杨 菁　　装帧设计：张 辉
责任校对：宋 夏

出版发行：化学工业出版社（北京市东城区青年湖南街13号 邮政编码100011）
印 装：北京虎彩文化传播有限公司
710mm×1000mm 1/16 印张7½ 字数128千字 2020年4月北京第1版第1次印刷

购书咨询：010-64518888　售后服务：010-64518899
网 址：http://www.cip.com.cn
凡购买本书，如有缺损质量问题，本社销售中心负责调换。

定 价：98.00元

Preface

前言

近年来，以循环流化床燃烧技术为特征的煤矸石电厂蓬勃发展，但是矸石电厂所用煤矸石燃料的灰分较高，粉煤灰的排放量是燃煤电厂的2倍左右，排放数量相当巨大，造成了资金和土地资源的浪费，以及严重的环境污染。且产出粉煤灰含碳量较高，品质低于国家建材标准中的三级灰品质标准，按现有的粉煤灰活性理论，此种粉煤灰的应用价值不高。又由于燃烧条件、燃料类型不同，矸石电厂粉煤灰理化性质与燃煤电厂粉煤灰差别较大，以往对燃煤电厂粉煤灰性质及应用的研究在很多情况下不再适用于矸石电厂粉煤灰，从而限制了其在传统领域的应用。

为能够进一步拓展矸石电厂粉煤灰的应用领域，加强工业废弃物资源化利用的途径，实现生态环境保护和循环经济，笔者带领团队一直致力于矸石电厂粉煤灰理化特征、活化技术、提铝技术及其应用领域的研究，并将十余年的科研成果编著成本书。

矸石电厂粉煤灰是一种火山灰质材料，具备一定的潜在活性，含有大量的硅、铝等可利用的元素，这些特点为矸石电厂粉煤灰的资源化利用奠定了基础，对循环经济政策的贯彻执行具有重要意义。随着我国经济的持续、高速发展，今后相当长的时期内，电力能源结构将继续以煤电为主的基本格局，矸石电厂粉煤灰的排放量必然会逐年增加。

本研究针对目前矸石电厂粉煤灰活化技术以及煤矿巷道壁后充填材料中存在的问题，通过对矸石电厂粉煤灰的化学成分、形貌特征、矿物组成分析，采用物理活化、化学活化和物理化学活化技术，对粉煤-水泥胶砂体系进行激活，得出合理、经济的矸石电厂粉煤灰激活方案，通过配方设计、工艺优化以及影响因素研究，开发研制出矸石电厂粉煤灰基充填材料，以粉煤灰较大比例地替代水泥、河砂，不仅可减轻粉煤灰造成的经济和环境负担，而且可以显著地降低掘进成本，变废为宝，达到矸石电厂与煤矿的双赢。

此外，本研究还针对当前我国内蒙古自治区中西部和山西北部等地区高铝煤炭资源储量丰富，发电后产生的大量高铝粉煤灰问题，研究了高铝粉煤灰的理化性能。以粉煤灰提取氧化铝为目标，通过热力学分析、三元系相图分析和煅烧实验，系统研究了石灰煅烧法与纯碱煅烧法中粉煤灰热处理过程的热力学机理，并通过煅烧实验分析了其热力学行为。研究了纯碱煅烧法中粉煤灰热处理参数，确定了煅烧温度、煅烧时间以及物料配比，研究了氧化铝浸出过程中影响其浸出率的参数，以获得较高的氧化铝浸出率。通过建立浸出反应动力学模型研究了浸出动力学机理，实现粉煤灰的高附加值利用，对于实现循环经济具有重要意义。

多年来，笔者团队的石莹、高尚勇、李思琼、崔永峰、刘永、梁杨芝、李阳、褚运凯等参加了相关研究工作。本书的出版还得到了国家自然科学基金“浅埋煤层群开采煤柱群结构效应及其应力场与裂缝场耦合控制”（51674190）、陕西省科技厅社会发展科技攻关项目“生态修复与环境治理技术研究——矸石电厂粉煤灰活化技术及应用”（2010K11-02-08）和“陕北生态脆弱区保水开采高砂基充填材料制备关键技术”（2016SF-421）、陕西省自然科学基础研究计划项目“煤层群开采致灾机理及预警与防治技术研究”（2019JLP-08）以及西安科技大学工科A类第一层次创新团队项目“浅埋煤层开采与环境保护”的资助，特此一并致谢。

由于笔者水平有限，书中难免存在不足之处，恳请读者批评指正。

陈杰

2019年8月

Contents

目录

1 绪 论

1.1 研究背景

煤矸石是夹杂在煤系地层中的岩石，也是目前我国排放量最大的固体废弃物之一。2013 年我国煤矸石排放量达 7.5 亿吨，2015 年排放量接近 8 亿吨，形成的煤矸石山近 2600 多座，占地约 1.3 万公顷，煤矸石排放量仍在逐年不断增长[1]。煤矸石的大量堆放，既压占土地，又破坏生态环境，给煤矿企业带来了沉重的经济和环境负担，也对周围居民的身体健康产生了巨大威胁。2015 年 1 月 15 日，《煤矸石综合利用管理办法》发布，明确了相应的鼓励和处罚措施，进一步完善了煤矸石排放和利用情况的统计体系，强化了煤矸石利用相关技术指标及环境保护的要求。煤矸石综合利用是一项关系生态保护、煤炭开采、延伸煤炭产业链和建设资源环保型社会及经济发展方式转变的重大课题。

煤矸石发电是充分利用煤矸石的有效热成分，变废为宝，解决污染的有效途径。2011 年 11 月，国家能源局发布的《关于促进低热值煤发电产业健康发展的通知》［国能电力（2011）396 号］中规定，对于以煤矸石为主要原料的低热值煤发电项目，优先于常规燃煤机组调度和安排电量，为煤矸石发电提供了良好的政策支持。循环流化床燃烧技术的发展为煤矸石发电提供了有力的技术支撑。截至 2012 年年底，煤矸石综合电厂已超过 400 座，总装机容量达到 2950 万千瓦[2-3]，不仅消耗了大量的煤矸石，而且电厂发出来的电可供矿区自用，缓和了多数矿区用电紧张的局面。用煤矸石发电，经济效益与社会效益显著。但是，煤矸石燃料的灰分较高，达到40%～70%[❶]，矸石电厂粉煤灰的排放量巨大。

矸石电厂粉煤灰含碳量较高，烧失量大，品质低于国家建材标准中的三级灰标准，按现有的粉煤灰活性理论，此种粉煤灰的应用价值不高。由于燃烧条件、燃料类型不同，矸石电厂粉煤灰的理化性质与燃煤电厂的理化性质有所不同，以往对燃煤电厂粉煤灰性质及应用的研究，在很多情况下不再适用于矸石电厂粉煤灰，从而限制了其在传统领域的应用。除了少部分用以铺设矿区内自备公路外，大部分矸石电厂粉煤灰堆放在储灰池中（如图1.1），占用土地、污染大气、土壤及水体、损害人体健康等[4-5]。

图1.1 矸石电厂粉煤灰

随着我国经济的高速持续发展，煤炭和电力工业依然会是支柱性能源产业，资源循环利用也会继续被重视，所以在今后相当长的时期内，煤矸

❶ 未特殊说明，文中含量均指质量分数。

石发电所排出的粉煤灰的量必然逐年增加[7]。因此，开展矸石电厂粉煤灰的综合利用研究，实现其资源化，不仅是我国电力和煤炭工业可持续发展所面临的亟待解决的重大问题，而且对节约土地资源、保护生态环境、实现循环经济具有重要意义。

矸石电厂粉煤灰虽然品质低，粒度较粗，用途也受到了一定的限制，但也属于火山灰质材料，其颗粒具有多孔结构，比表面积大，活性较高；而且，由于炉膛温度相对较低，其中转变不彻底的亚稳态矿物相较多，这对其活性的增加是有益的。因此该种粉煤灰是一种可开发利用的硅酸盐材料。若能以矸石电厂粉煤灰较大比例地替代水泥、河砂制作充填材料及喷浆材料，就近用于矿井巷道、顶板与围岩的固化与支护，不仅可减轻煤矿企业的经济和环境负担，而且可以显著地降低掘进成本，变废为宝。

与此同时，在我国的内蒙古和山西北部地区，由于其特殊的地质条件，有丰富的含铝矿物质和煤层沉积形成的煤铝资源。根据相关研究成果，前景资源量约 1000 亿吨[6]。内蒙古中部的准格尔煤田部分煤炭资源燃烧后产生的粉煤灰中氧化铝含量在 45%以上。初步估算，我国这些宝贵的含铝非铝土矿资源中氧化铝的含量近 100 亿吨，相当于电解金属铝 50 亿吨，具有非常大的开发和利用价值，而我国的铝土矿资源严重缺乏。这些地区分布有内蒙古赤峰市平庄煤矸石热电厂、内蒙古京海煤矸石发电有限责任公司、内蒙古蒙泰不连沟煤业煤矸石热电厂、神华亿利煤矸石电厂以及中煤山西平朔煤矸石发电厂等多家煤矸石热电厂。因此，开发利用煤矸石电厂高铝粉煤灰提取氧化铝，是解决矸石电厂高铝粉煤灰污染环境和氧化铝可持续发展的有效途径。

1.2 矸石电厂粉煤灰的产生及特点

矸石电厂一般采用沸腾炉（流化床锅炉）。沸腾炉对燃料的适应性很强，可以燃用煤矸石、煤泥等劣质燃料。煤矸石是煤炭开采产生的煤层夹矸和顶底板含碳较高的岩石，煤泥是煤炭洗选产生的含有大量有机碳的洗矸。沸腾炉工作温度比较低，通常在 800～900℃[7]。在燃烧时，燃料由燃烧室下部（或上部）给入，一次风从布风板下部送入，二次风由燃烧室中部送入，燃烧室内的运行风速为 5～10m/s，并在炉内悬浮段形成强烈的扰动，燃料呈沸腾状，在炉膛内的停留时间较长，锅炉要求燃料粒度一般小于10mm，矸石经过破碎筛分即可燃烧[8]。由于煤矸石灰分较高，燃烧后排放出大量粉煤灰。

与燃煤电厂粉煤灰相比，矸石电厂粉煤灰的颗粒较粗，含有大量的形状不规则的多孔颗粒，包括非晶相和不定形碳，球形颗粒很少，而且烧失量大，氧化钙含量低[9]。但矸石电厂粉煤灰同样是一种火山灰质材料，具备一定的潜在活性，含有大量的硅、铝等可利用的元素，这些特点为矸石电厂粉煤灰的资源利用奠定了基础，对循环经济的贯彻执行具有重要意义，也正因为这些特点，诸多专家、学者及研究人员对矸石电厂粉煤灰的综合利用展开了细致的研究。

1.3 矸石电厂粉煤灰的研究与应用

1.3.1 在混凝土、蒸压砖方面的研究与利用

高赛生态、张永锋等[10] 对矸石电厂粉煤灰进行了分析和分类，并对其综合利用途径做出评价。赵少鹏、王彩萍等[11] 分析了矸石电厂粉煤灰矿物组分、化学成分、微量元素及颗粒组成等特性。赵计辉等[12] 研究了激发剂种类及其掺量对矸石电厂粉煤灰的活化效果。成春奇等[13] 对矸石电厂湿排粉煤灰作为喷射混凝土的掺合料的可行性进行了研究，并测试了喷射混凝土抗压强度和与岩面的黏结力，测试结果满足巷道支护的要求。李国才[14] 研究确定了煤矸石电厂粉煤灰作为矿山井巷工程支护用料的可行性、实用性。戴丽娜[15] 研究了矸石电厂粉煤灰掺量对混凝土强度及凝结时间的影响规律，但需要使用高标号的水泥，提高了成本，而且没有涉及粉煤灰活化对掺量的影响。高尚勇[16] 研究了矸石电厂粉煤灰喷浆材料的配合比，取得了较好的结果。冯鹏等[17] 对矸石电厂粉煤灰混合材料进行注浆改性，研究了混合充填材料的配比与养护龄期对抗剪强度的影响规律。佘春泉[18] 将矸石电厂粉煤灰用于蒸压砖的生产，并研究了粉煤灰对蒸压砖的性能影响。

1.3.2 提铝技术研究

利用高铝粉煤灰提取氧化铝、二氧化硅等制备高附加值产品的同时，解决固体废弃物大量堆置污染环境的问题，是目前研究的热点。近年来，粉煤灰提取氧化铝项目在国内备受重视，很多企业也看到了其巨大的发展空间，并积极投资，由于存在技术瓶颈，导致商业化生产风险很大。目前，较为成熟的技术有大唐集团有限公司、中国铝业股份有限公司粉煤灰提取氧化铝中试装置取得一些成果，但仍需优化工艺参数，不断改进生产工艺。此外，国内有关企业和科研院所也在积极探索和研发其他工艺路线，但还未进入大规模产业化。常见的高铝粉煤灰中提取铝、硅的方法有石灰石烧结法[19]、纯碱煅烧法[20,21]、酸浸法[22,23]等。

目前，对于矸石电厂粉煤灰的综合利用研究成果还非常有限，利用率很低。因此，本书以提高矸石电厂粉煤灰利用率为目标，致力于研究将矸石电厂粉煤灰进行活化后，制备煤矿充填材料和喷浆材料，就近用于煤矿井下巷道的固化与支护。此外还研究了从含铝较高的矸石电厂粉煤灰中提取氧化铝的工艺参数，以提高矸石电厂粉煤灰的资源化利用，降低环境污染，实现循环经济。

参考文献

[1] 贾敏.煤矸石综合利用研究进展［J].矿产保护与利用，2019，(4)：46-51.

[2] 郭建秋.我国煤矸石综合利用现状及前景展望［J].环境与发展，2014，26（03）：102-104.

[3] 郭彦霞，张园园，程芳琴.煤矸石综合利用的产业化及其展望［J].化工学报，2014，65（7）：2443-2453.

[4] 张永锋，王敏建.粉煤灰综合利用现状分析及对策［J].内蒙古科技与经济，2016（18）：87-91.

[5] 孙淑静，刘学敏.我国粉煤灰资源化利用现状、问题及对策分析［J].粉煤灰综合利用，2015（3）：45-48.

[6] 王丹妮.粉煤灰提取氧化铝技术发展综述［J].中国煤炭，2014（S1).

[7] 刘品德，全峰，陆洁，等.煤粉炉粉煤灰和循环流化床锅炉粉煤灰的特性及其对蒸压加气混凝土性能的影响［J].混凝土与水泥制品，2019（07)：67-70.

[8] 赵莹莹，高金路，刘锦英.煤矸石发电技术浅析［J].设备管理与维修，2017（4)：113-114.

[9] 赵少鹏，陆加越，沙建芳，等.煤矸石电厂CFB粉煤灰与炉渣的特性对比研究［J].水泥，2016（8)：7-10.

[10] 高赛生态，张永锋，王敏建.粉煤灰综合利用现状分析及对策［J].内蒙古科技与经济，2016

(18)：87-88.

[11] 赵少鹏，王彩萍，等.不同种类CFB粉煤灰的特性对比研究 [J].河北工程大学学报：自然科学版，2015，32 (1)：79-82.

[12] 赵计辉，王栋民，惠飞等.不同激发剂对矸石电厂循环流化床粉煤灰的活化效果 [J].非金属矿，2014，37 (01)：7-10.

[13] 成春奇，郑高升，王立峰等.矸石电厂湿排粉煤灰制作喷射混凝土可行性研究 [J].煤炭科学技术，2002，30 (9)：43-52.

[14] 李国才.粉煤灰在煤矿井下巷道支护中的应用 [J].煤炭科技，2017 (2)：139-141.

[15] 戴丽娜.粉煤灰掺量对混凝土抗压强度与凝结时间的影响 [J].交通世界，2017 (35)：143-144.

[16] 高尚勇.矸石电厂粉煤灰喷浆材料的研究 [D].西安：西安科技大学，2017.

[17] 冯鹏，肖洪举，陈艺通，等.矸石粉煤灰混合充填材料抗剪强度研究 [J].中国农村水利水电，2015 (4)：143-145.

[18] 佘春泉.蒸压粉煤灰砖的研究 [J].砖瓦世界，2014 (2)：48-50.

[19] 李晓光，丁书强，卓锦德，等.粉煤灰提取氧化铝技术研究现状及工业化进展 [J].洁净煤技术，2018，24 (5)：1-11.

[20] 李晓光，丁书强，卓锦德，等.粉煤灰提取二氧化硅技术及工业化发展现状 [J].无机盐工业，2018，50 (12)：1-4.

[21] 赵利军.粉煤灰提铝工艺的现状和发展趋势 [J].神华科技，2017，(6)：86-90.

[22] 刘能生，彭金辉，张利波，等.高铝粉煤灰碳酸钠焙烧与酸浸提铝的动力学 [J].过程工程学报，2016，(2)：216-221.

[23] 饶兵，戴惠，高利坤.粉煤灰提取氧化铝技术研究进展 [J].硅酸盐通报，2017，36 (9)：3003-3007.

2 矸石电厂粉煤灰的理化特征

煤矸石电厂采用循环流化床锅炉做燃烧设备，一般炉膛设计温度为850℃左右，实际满负荷运行时短期温度可达到900℃。由于矸石灰分大，设备磨损严重，因此，在保证着火以及燃尽的条件下，尽量采用低温燃烧，这样既可保证燃烧过程中的脱硫效果，又能有效降低烟气中氮氧化物含量[1]。

大型燃煤电厂通常采用煤粉炉，炉中燃料与空气接触大，燃烧猛烈，炉内温度最高可达1400～1500℃，燃料的燃尽率高。

由于燃烧技术的不同，矸石电厂粉煤灰在理化性质方面与燃煤电厂粉煤灰有着较大差别，以往对燃煤电厂粉煤灰性质及应用的研究，在很多情况下不再适用于矸石电厂粉煤灰。

本章以陕西的蒲白、黄陵和澄合的煤矸石电厂以及四川的芙蓉煤矸石电厂粉煤灰、西安灞桥燃煤电厂粉煤灰为研究对象，分别从粒度、微观形貌、化学组成与矿物组成等理化性能进行分析，以期为矸石电厂粉煤灰的活化工艺、配方设计及应用提供理论基础。

2.1 粒度分析

粉煤灰是多种颗粒的机械混合物，既有非晶质的玻璃物质，又有燃烧过程中新生成的结晶矿物及部分残留矿物，还有燃烧不完全的碳粒，其形貌特征取决于各种颗粒的组成及组合关系。采用珠海欧美克LS-popⅢ激光粒度仪对陕西的蒲白、黄陵和澄合矸石电厂以及四川的芙蓉矸石电厂粉煤灰、西安灞桥燃煤电厂粉煤灰进行粒度分析。

分别配制 0.8g/L 的各粉煤灰悬浮液，加入聚丙烯酸钠分散剂，在 JY92-Ⅱ超声波细胞粉碎机内超声波分散 2min，用激光粒度仪测定其粒度分布，得出粒度指标 d_{10}、d_{50}、d_{90}。结果见表 2.1 和图 2.1～图 2.5 所示。

表 2.1 粉煤灰激光粒度分析结果 单位：μm

试样	d_{10}	d_{50}	d_{90}
蒲白	8.44	30.22	68.78
黄陵	4.00	19.07	52.18
芙蓉	6.16	23.83	56.85
澄合	3.82	24.23	77.58
燃煤电厂	3.31	12.34	28.79

由表 2.1 和粉煤灰的激光粒度分析图可以知道，与燃煤电厂粉煤灰相比，矸石电厂粉煤灰颗粒明显较粗，其中位径是燃煤电厂粉煤灰的 1.5～2.4 倍，颗粒粒径分布范围较宽。矸石电厂粉煤灰属于火山灰质材料，具有火山灰活性，而颗粒粒径是影响其活性大小的主要因素之一，颗粒粒径越小，比表面积越大，活性越大，反之越小；另一方面，粉煤灰越细，其需水量比增大，用在喷浆材料与充填材料中会使料浆流动性降低。

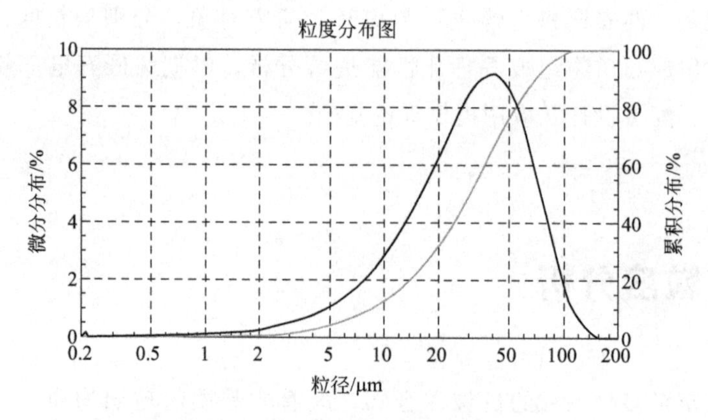

图 2.1 蒲白粉煤灰激光粒度分析

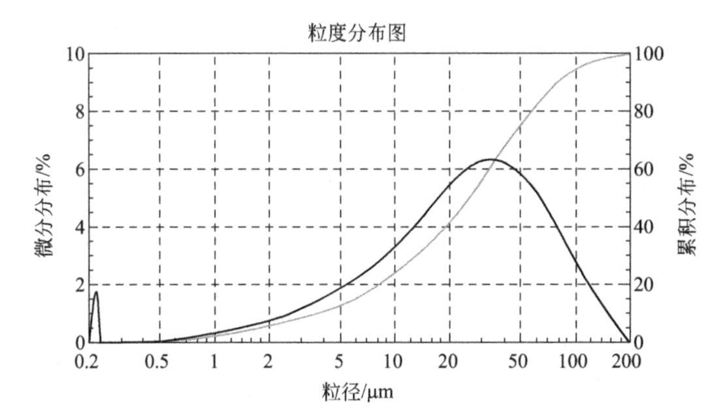

图 2.2 澄合粉煤灰激光粒度分析

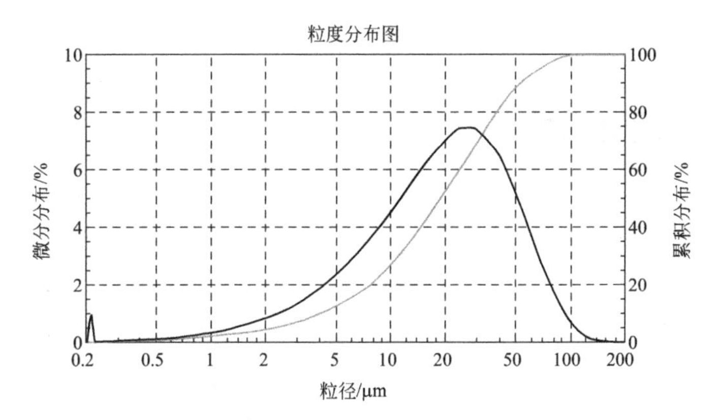

图 2.3 黄陵粉煤灰激光粒度分析

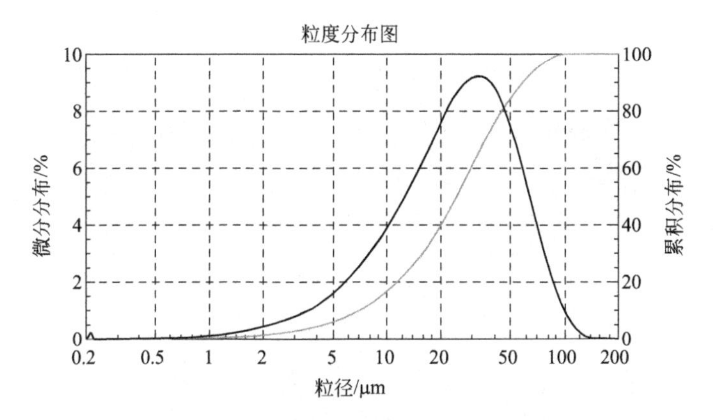

图 2.4 芙蓉粉煤灰激光粒度分析

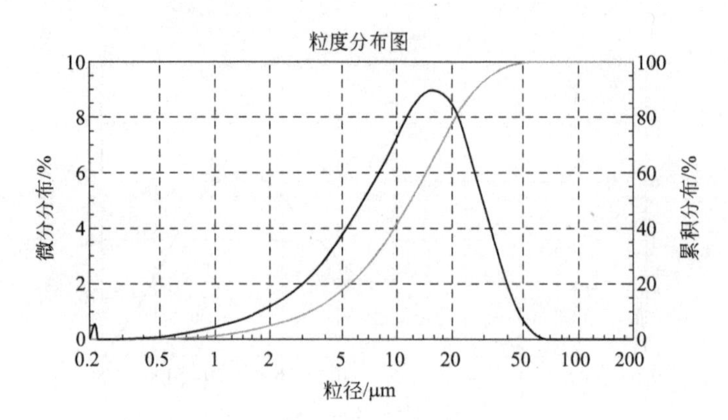

图 2.5　燃煤电厂粉煤灰激光粒度分析

2.2　微观形貌

粉煤灰的扫描电镜（Philip 的 Quanta200）微观形貌分别如图 2.6 所示。

粉煤灰中的颗粒由很多种不同结构和形态的微粒组成，由图 2.6 可以看出，燃煤电厂粉煤灰中含有大量球形颗粒，圆球表面光滑，用于拌合物中可以增加流动性。而矸石电厂粉煤灰主要是由大量形状不规则的多孔玻璃体、多孔碳粒和少量晶体组成，球形颗粒很少。这是由于矸石电厂沸腾炉

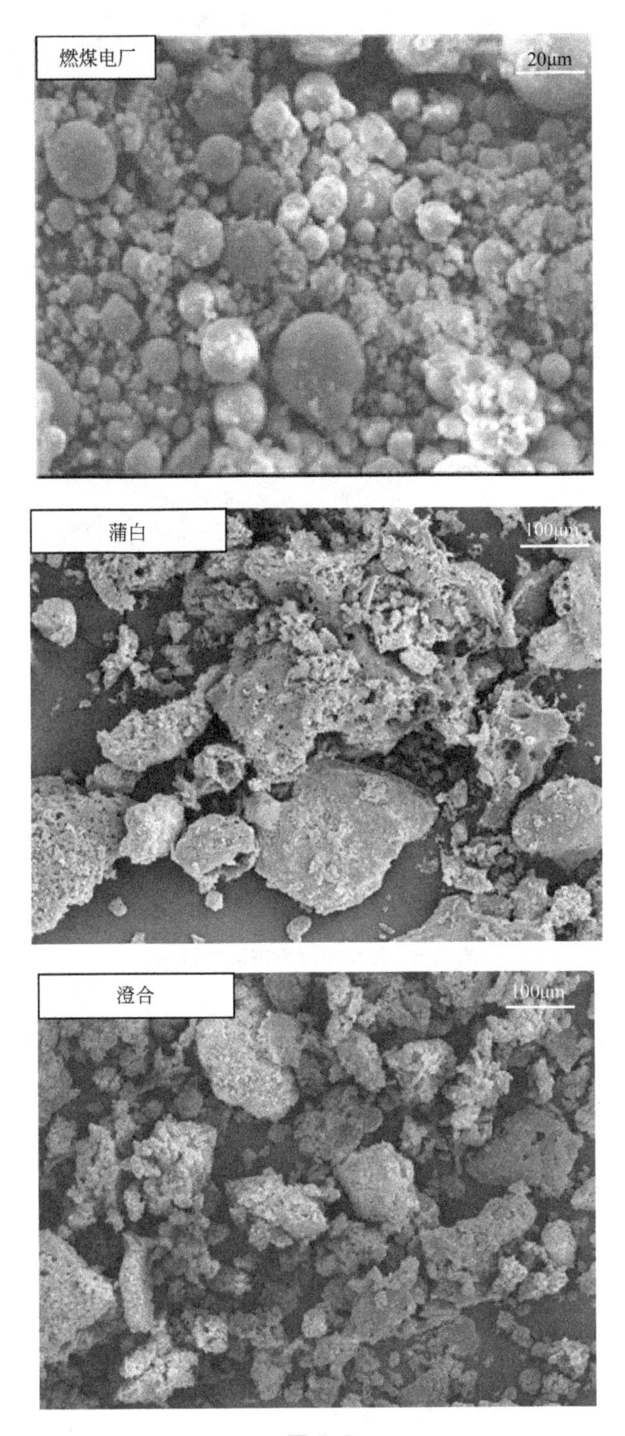

图 2.6

图 2.6 五种粉煤灰扫描电镜图

燃烧温度低，原煤未充分燃烧，形成了一定数量的疏松、不规则的多孔碳粒。从图 2.6 中还可以看出，矸石电厂粉煤灰中含有大量海绵状的玻璃碎屑和渣粒，这些非晶态物质主要是由矸石以及残留煤中的矿物经过高温相转变而形成的。

2.3 化学组成

粉煤灰的化学组成是工程应用部门用来评定粉煤灰品质和分级的依据。如粉煤灰的分类与 CaO 有关，烧失量与粉煤灰的等级有关。粉煤灰中的

SiO_2 与 Al_2O_3 可在常温下与水泥水化时析出的氢氧化钙发生火山灰反应，生成水化产物，增加混凝土强度。SiO_2 与 Al_2O_3 含量越高，粉煤灰的化学活性就越大。对五种粉煤灰的化学分析结果见表 2.2，GB/T 1596—2017 中对拌制混凝土和砂浆用粉煤灰的技术要求见表 2.3[2]。

表 2.2 粉煤灰的化学组成与需水量比 单位：%（质量分数）

试样	SiO_2	CaO	Al_2O_3	Fe_2O_3	MgO	SO_3	K_2O	Na_2O	TiO_2	烧失量/%	需水量比/%
蒲白	29.82	3.64	20.37	7.32	0.33	1.2	0.63	0.11	0.83	34.85	117
澄合	30.17	3.24	20.02	5.10	0.63	1.42	0.64	1.50	1.05	36.12	125
黄陵	41.12	4.87	22.41	5.29	1.53	1.43	1.22	0.45	0.96	19.58	113
芙蓉	45.29	7.51	15.70	9.38	0.94	1.54	1.77	0.29	1.65	15.89	107
燃煤电厂	51.80	5.21	26.40	8.51	0.39	0.86	0.8	0.5	—	5.4	92

由表 2.2 可知，矸石电厂粉煤灰以氧化硅、氧化铝和氧化铁为主要成分，$SiO_2+Al_2O_3+Fe_2O_3$ 含量接近或大于 70%，但比一般燃煤电厂粉煤灰低，表明矸石电厂粉煤灰的化学活性较低。氧化钙含量小于 5%的粉煤灰，属于低钙灰。SiO_2 和 Al_2O_3 是玻璃体的主要成分。一般来说，活性成分含量越多，活性越大，但并不是粉煤灰中所有的活性 SiO_2 和 Al_2O_3 都能参与水化反应，只有在颗粒表层中以玻璃体形态存在的活性成分，在其他化学物质（如碱、硫酸盐等）的作用下，其结构才会解体，进而发生水化反应。因此可以通过加入激发剂补充钙含量、提高料浆 pH 值等方式，破坏粉煤灰的玻璃网状结构，加大玻璃体中活性 SiO_2 和 Al_2O_3 的溶出，进一步提高其活性。

表 2.3 粉煤灰分级和质量指标

粉煤灰等级	细度 45μm 方孔筛筛余/%	烧失量/%	需水量比/%	SO_3 含量/%
Ⅰ	≤12.0	≤5.0	≤95.0	≤3.0
Ⅱ	≤30.0	≤8.0	≤105.0	≤3.0
Ⅲ	≤45.0	≤10.0	≤115.0	≤3.0

由表 2.2 和表 2.3 可知，矸石电厂粉煤灰的烧失量均大于 10%，不满足国标中拌制混凝土和砂浆用的粉煤灰三级灰要求，属于等外灰。目前国

内外普遍认为烧失量是由粉煤灰中的未燃尽的碳粒造成的[3]，这说明这类粉煤灰含有部分碳没有燃烧完全，导致多孔碳的含量较高，使粉煤灰的需水量比增大（见表 2.2），引起充填材料的需水量增加，影响充填材料的流动性，还影响其活性、外观颜色和均匀性。矸石电厂粉煤灰烧失量较大与电厂的燃烧工况有很大关系。通常情况下，矸石电厂采用循环流化床锅炉做燃烧设备，其最大特点是蓄热量大，变工况工作能力强，即使在 30%负荷下仍能正常点火燃烧[1]，由此造成燃料燃烧程度差别悬殊。此外，矸石电厂的燃料采用的是煤矸石和泥煤，燃料中的杂质较多，燃料的发热量低造成燃烧温度偏低，导致灰分中的烧失量较高。国标规定，烧失量较高的粉煤灰不能用于建筑物或构筑物的关键部位，因此，矸石电厂粉煤灰不能像燃煤电厂粉煤灰那样广泛应用于传统领域，需要开发新的应用途径。

为此，在使用矸石电厂粉煤灰时，需要选择有效的高效减水剂，减少加水量，防止使用过程中由于水分的蒸发，而引起硬化体出现裂缝，导致后期强度降低。

2.4 矿物组成

为了解矸石电厂粉煤灰的物相组成，采用日本理学 D/max-2500 全自动 X 射线衍射仪分析了蒲白矿矸石电厂粉煤灰的物相组成，操作条件为：铜靶，40kV，40mA，步长 0.02°，扫描速度 10°/min，扫描范围 10°～70°，结果如图 2.7 所示。

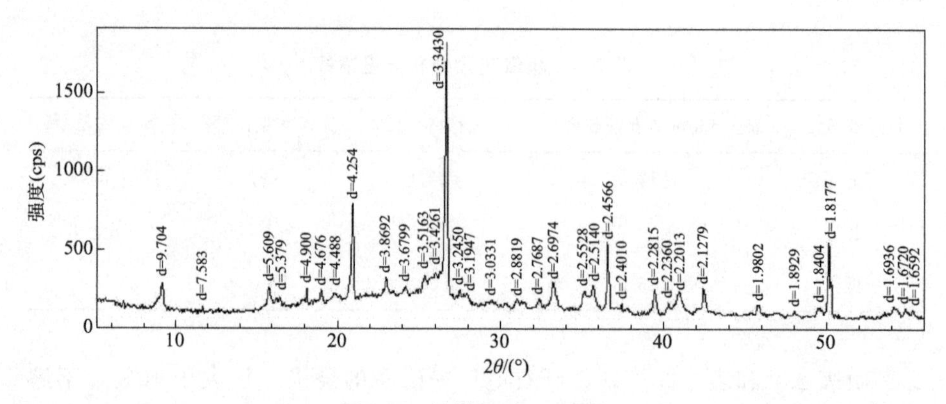

图 2.7 粉煤灰 XRD 图谱

从衍射图 2.7 及表 2.4 可以看出，在 15°～30°衍射角范围内出现了明显的丘状峰，说明矸石电厂粉煤灰中非晶态物质数量较大，占 40%，而含铝矿物（包括莫来石、长石等）较少，由此可推断粉煤灰中应有相当数量的铝存在于非晶态物质中，这与燃煤电厂粉煤灰中铝大多形成莫来石不同。结晶矿物以石英为主（23%，*d* 为 4.254Å、3.3430Å、2.4566Å、2.2013Å、2.1279Å、1.9802Å、1.8177Å、1.6720Å），并有少量莫来石（8%，*d* 为 5.379Å、3.5163Å、3.4261Å、2.8819Å、2.5528Å、2.2360Å、2.1279Å）、赤铁矿（7%，*d* 为 3.6799Å、2.6974Å、2.5140Å、2.2360Å、1.8404Å、1.6936Å），另外还含有 4% 的无定形碳（*d* 为 4.488Å、3.6799Å、3.0331Å、2.5528Å），钾长石 2%，斜长石 2%，镁橄榄石 4%。由此可以判断，粉煤灰在形成过程中，炉内各处的热负荷并不均匀，少量莫来石的出现，说明局部有超过 1000℃的高温区域，但过烧并不严重；大量存在的石英，来自原始燃料中的矸石。

表 2.4 粉煤灰 XRD 半定量结果 单位：%

非晶相	石英	赤铁矿	莫来石	钾长石	斜长石	无定形碳	镁橄榄石	假金红石	未检出
40	23	7	8	2	2	4	4	2	2

矸石电厂粉煤灰中非晶态物质比例较大，在其应用中，可通过湿法球磨破坏颗粒表面致密的玻璃体外壳，使活性硅铝的溶出量增加，有利于发挥“活性效应”。通过粉碎，部分外加能量转化为颗粒的表面能，使表面呈现亚稳态，增大表面的反应活性。除此之外，在结晶矿物中，尽管铝氧键和硅氧键的键能较大，但不同晶界和晶面上的键能不同，硅酸盐层间结合相对较弱，因此，键能较低的硅氧键和铝氧键在球磨过程中可能被破坏，从而增加了活性硅铝基团的数量。所以，可以通过机械球磨来促进矸石电厂粉煤灰的活性。

而粉煤灰含铝矿物（莫来石、长石等）很少，由此可以推测其中有相当数量的铝存在于非晶态物质中，这与燃煤电厂粉煤灰中铝大多形成莫来石不同。因此，必须通过对粉煤灰进行激活，使铝从中释放出来，跟硅结合形成具有活性的硅铝基团，因此可以采用化学活化来激发矸石电厂粉煤灰的活性，通过加入激发剂来破坏其玻璃网状结构，加大玻璃体中活性 SiO_2、Al_2O_3 的溶出，以促进活性的硅铝基团溶出，进而提高活性。

2.5 本章小结

本章对矸石电厂粉煤灰的颗粒组成、微观形貌、化学组成及矿物组成进行了分析研究，得出粉煤灰的活性与其自身理化性质有很大的关系。

① 矸石电厂湿排粉煤灰颗粒较粗，以 20～70μm 的颗粒为主，由大量的多孔玻璃体、碳粒以及少量晶体所组成，颗粒形状不规则，球形颗粒较少。

② 矸石电厂粉煤灰以氧化硅、氧化铝和氧化铁为主要成分，含量接近或超过 70%，属于低钙灰，烧失量不能满足国家标准关于拌制混凝土和砂浆用粉煤灰三级灰要求，不能直接用于水泥混凝土和水泥砂浆配制。

③ 粉煤灰中非晶态物质较多，矿物组成主要为石英，还有少量的莫来石、赤铁矿等。

④ 在煤矿充填与支护应用中，可以通过物理与化学活化相结合的方式激活粉煤灰，使之就地应用于煤矿的充填与支护得以实现。

参考文献

[1] 王世昌.循环流化床锅炉原理与运行 [M].北京：中国电力出版社，2016.
[2] GB/T 1596—2017 用于水泥和混凝土中的粉煤灰.
[3] Yasutaka Sagaw，Shu Ota，Koji Harada. Utilization of fly ash with higher loss on ignition for geopolymer mortar [J]. Advanced Materials Research，2015 (1129)：614-620.

研石电厂粉煤灰火山灰反应动力学研究

在水泥中掺入火山灰质矿物掺合料，其中的活性 SiO_2 和活性 Al_2O_3 能与水泥水化产物中的 $Ca(OH)_2$ 发生二次水化反应，即火山灰反应[1]。粉煤灰具有一定的火山灰反应性，在粉煤灰-水泥系统中，由于水泥的水化产物与粉煤灰的火山灰反应产物共存，很难精确测定体系中粉煤灰的火山灰反应程度。本章以蒲白、黄陵、芙蓉、澄合矸石电厂及西安灞桥燃煤电厂的粉煤灰为研究对象，用酸溶法测定粉煤灰-$Ca(OH)_2$-H_2O 系统中粉煤灰的烧失量和化学未溶量，建立粉煤灰的火山灰反应动力学模型，确定不同地区粉煤灰样品的反应率和反应速率常数，并与燃煤电厂粉煤灰火山灰反应活性进行比较，据此对其活化性能进行评价，为矸石电厂粉煤灰的综合利用提供借鉴。

3.1 实验原料及设备

① 陕西黄陵、澄合、蒲白，四川芙蓉矸石电厂粉煤灰和西安灞桥燃煤电厂粉煤灰。

② CaO（化学纯），蒸馏水。

③ 箱式电阻炉（型号 SRJX-4-43，北京科伟永兴仪器有限公司），电热恒温干燥箱（101-2 型，上海市实验仪器总厂），真空干燥箱（ZK-40AS，北京科伟永兴仪器有限公司），电子天平，电热恒温水浴锅，研钵，坩埚，烧杯，量筒，容量瓶，玻璃棒等。

3.2 实验方法

3.2.1 试样制备

将粉煤灰与 CaO 以质量比为 4∶1 进行混合，水固比为 0.70。将热水与 CaO 搅拌使其充分反应，冷却后加入粉煤灰，经搅拌后成型。在室温下养护试件，拆模后进行标准养护直至龄期（0d、1d、3d、7d、28d、90d、180d）。将养护至龄期的试件破碎后取其核心，放入研钵中并加无水乙醇（终止水化），磨细，置于真空干燥器中（8.0～21.3 kPa，50～60℃）干燥 6h，取出。

3.2.2 粉煤灰的化学未溶量及反应率测定

称取 2 份试样，1 份在 950℃下灼烧 60min（至恒重 m_1）测定其烧失量 w_α。将另 1 份试样置于烧杯中，加入 2mol/L 的 HCl 溶液，在 80℃水浴中不断搅拌使可溶于酸的物质完全溶解。试样经中速定量滤纸过滤后，用 80℃热水和 Na_2CO_3 溶液洗涤，最后将残渣与滤纸置于坩埚中，在 950℃下灼烧 60min，冷却至室温后称重。试样化学未溶量为 w_β：

$$w_\beta = m_1 / m_0 \tag{3.1}$$

式中 m_1——经酸处理及灼烧后试样的质量，g；

m_0——试样原始质量，g。

则粉煤灰反应率为：

$$\varphi = (w_{\beta 0} - w_\beta) / w_\gamma \times 100\% \tag{3.2}$$

式中 $w_{\beta 0}$——试样成型后 1～2h 按上述步骤处理所测定的化学未溶量（假定此时粉煤灰未起反应）；

w_γ——干混合料中粉煤灰含量（本实验为 80%）。

3.3 结果与讨论

3.3.1 实验结果

根据实验测定的数据，各龄期下样品的烧失量见表 3.1，化学未溶量 w_β 见表 3.2。

表 3.1 常温下不同龄期样品的烧失量 单位：%

样品	龄期						
	0d	1d	3d	7d	28d	90d	180d
黄陵	0.165	0.197	0.211	0.216	0.255	0.253	0.247
蒲白	0.313	0.326	0.331	0.337	0.356	0.366	0.365
芙蓉	0.198	0.213	0.219	0.226	0.246	0.251	0.251
澄合	0.230	0.244	0.244	0.253	0.263	0.282	0.277
燃煤电厂	0.100	0.113	0.123	0.128	0.142	0.159	0.162

表 3.2 常温下不同龄期样品的化学未溶量 w_β 单位：%

样品	龄期						
	0d	1d	3d	7d	28d	90d	180d
黄陵	0.442	0.431	0.425	0.413	0.405	0.394	0.391
蒲白	0.431	0.423	0.415	0.412	0.403	0.399	0.396
芙蓉	0.555	0.542	0.536	0.531	0.522	0.513	0.511
澄合	0.461	0.457	0.450	0.442	0.438	0.428	0.423
燃煤电厂	0.629	0.624	0.620	0.617	0.611	0.606	0.603

3.3.2 粉煤灰的火山灰反应性

粉煤灰具有一定的火山灰反应性，是一种火山灰质混合材，将其掺入水泥中时，其活性组分 Al_2O_3 与 SiO_2 能分别与水泥水化时生成的 $Ca(OH)_2$ 发生反应，产生水化铝酸钙、水化硅酸钙等水化产物，这使粉煤灰在混凝土中得以发挥胶结作用。在粉煤灰-水泥系统中，由于水泥水化产物与粉煤灰火山灰反应产物共存，很难精确测定体系中粉煤灰的火山灰反应程度，故利用粉煤灰-$Ca(OH)_2$-H_2O 系统中粉煤灰的反应率来评估不同品质粉煤灰的火山灰活性贡献。

图 3.1 为实验所用的五种粉煤灰根据式（3.2）所计算的在粉煤灰-$Ca(OH)_2$-H_2O 系统中常温养护下各龄期的反应率测定结果。

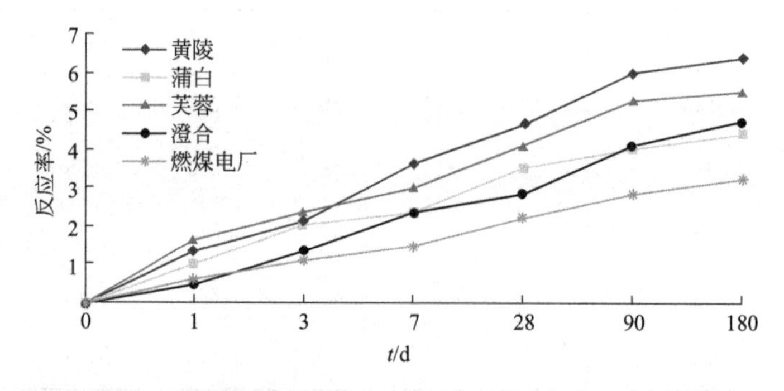

图 3.1 粉煤灰-Ca(OH)$_2$-H$_2$O 系统中粉煤灰的反应率

由图 3.1 可以看出，随着养护龄期的增长，反应率逐渐增大。粉煤灰的活性主要来自玻璃体，但也受多种因素影响，与其结构特征、化学组成以及粒度等均有很大关系。

黄陵和芙蓉粉煤灰活性较高，其原因在于这两种粉煤灰较细，比表面积大，表面反应的活化点多，使其活性较高；从微观结构上看，这两种粉煤灰含较多的多孔玻璃体，易于反应原子团的溶出[2]，增加活性。蒲白和澄合粉煤灰颗粒较粗，且多孔玻璃体相对较少，使其活性较低。而燃煤电厂粉煤灰活性最低，原因可能在于其结构密实，反应原子团的溶出相对困难，导致生成的水化产物较少。但是不能仅以火山灰活性来评价粉煤灰，应以综合效应作为评价和指导粉煤灰应用的标准，矸石电厂粉煤灰在微集料和形态效应方面的不足严重阻碍了其在混凝土中的大量应用。

3.3.3 粉煤灰火山灰反应动力学模型

粉煤灰掺入水泥中，其活性组分能分别与水泥水化析出的 $Ca(OH)_2$ 发生反应，生成水化铝酸钙和水化硅酸钙凝胶体，从而表现出活性。反应过程简化为：

$$\text{粉煤灰活性成分} + Ca(OH)_2 \longrightarrow \text{可溶于酸的产物}$$

而尚未发生火山灰反应的活性以及非活性 SiO_2、Al_2O_3 几乎完全不能被稀盐酸所溶解[3]。故可用稀盐酸将可溶产物和不溶组分分离，并分别检测，从而确定活性成分含量[4]。实验中 $Ca(OH)_2$ 过量，假设反应产物均溶于盐酸，并设 w 为粉煤灰试样中不溶于盐酸的非活性成分含量，那么 $(w_\beta - w)$ 即为某个龄期活性成分的剩余浓度。根据化学动力学理论[5]，反应速率

$$v = -\mathrm{d}(w_\beta - w)/\mathrm{d}t = k(w_\beta - w)^n \tag{3.3}$$

Takemoto 等认为：粉煤灰-$Ca(OH)_2$-H_2O 系统的早期反应速率由原子或原子团从粉煤灰及 $Ca(OH)_2$ 颗粒表面的溶出快慢来控制，后期反应速率又与原子或原子团在粉煤灰颗粒周围的水化生成物层中的扩散有关[6]。当反应达到某种程度后，灰样的剩余活性成分被反应产物包裹在内部，使反应愈来愈困难，最终几乎终止，故将其视为非活性成分。按 180d 龄期的 w_β 值来设定 w 值。

假设反应级数 $n=1$，则

$$v = -\mathrm{d}(w_\beta - w)/\mathrm{d}t = k(w_\beta - w) \tag{3.4}$$

积分后为

$$\ln(w_\beta - w) = \ln(w_{\beta 0} - w) - kt \tag{3.5}$$

以 $\ln(w_\beta - w)$ 对时间 t 作图，计算其线性相关系数 R^2，结果见图 3.2 及表 3.3。

表 3.3 常温下各灰样的火山灰反应速率常数 k 及相关系数 R^2

样品	黄陵	蒲白	芙蓉	澄合	燃煤电厂
k	0.287	0.252	0.277	0.187	0.163
R^2	0.997	0.993	0.994	0.996	0.994

可以看出，五种粉煤灰的火山灰反应在常温下均符合一级反应动力学

模型。黄陵和芙蓉粉煤灰的反应速率常数较大，火山灰活性较好，另外三种粉煤灰的火山灰活性较差。燃煤电厂粉煤灰虽然粒度和需水量较小，但其火山灰活性不如矸石电厂粉煤灰。这可能是由于矸石电厂粉煤灰中含有大量的多孔玻璃体组分，而燃煤电厂粉煤灰主要是玻璃微珠，有资料显示，多孔玻璃体的化学活性高于玻璃微珠[7]，玻璃微珠的结构比较密实，反应原子团不易溶出。此外，粉煤灰的比表面积大小也可能是一个影响因素，含多孔玻璃体较多的矸石电厂粉煤灰比含玻璃微珠多的燃煤电厂粉煤灰具有更大的能参与反应的比表面积。

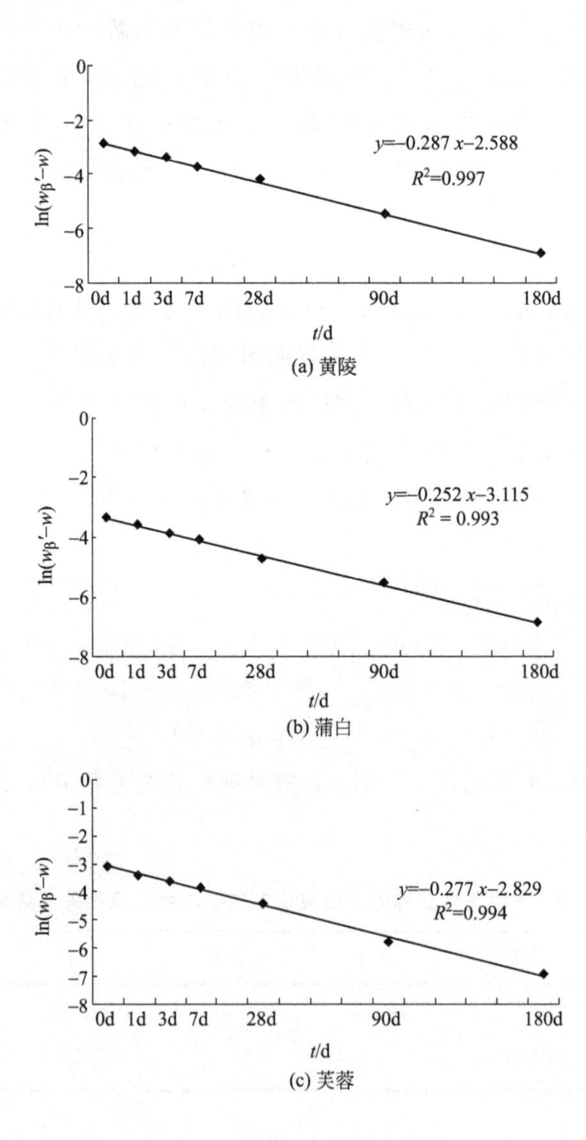

(a) 黄陵

(b) 蒲白

(c) 芙蓉

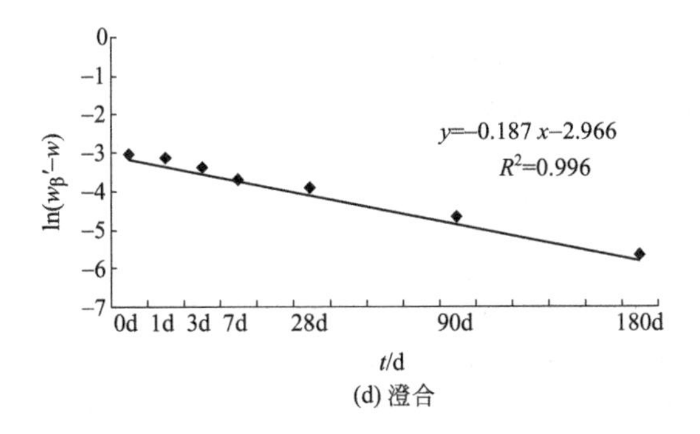

(d) 澄合

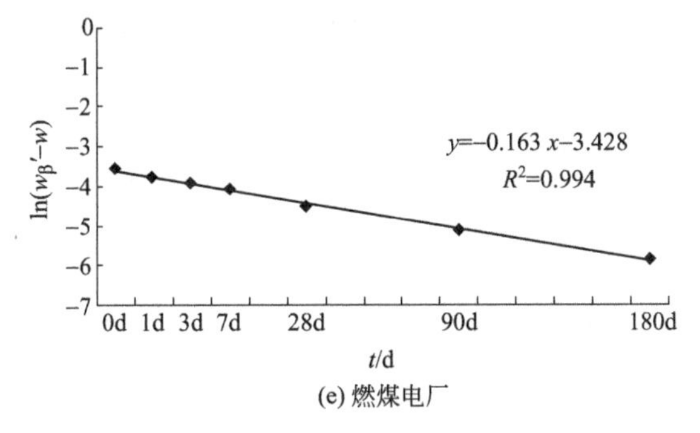

(e) 燃煤电厂

图 3.2 常温时各灰样的动力学曲线

3.4 本章小结

① 在粉煤灰-$Ca(OH)_2$-H_2O 系统中，粉煤灰的火山灰反应在常温下均符合一级反应动力学模型。

② 常温下，黄陵和芙蓉粉煤灰的反应速率常数较大，活性较好。由于含有大量玻璃微珠，结构密实，不易于原子团溶出，且能参与反应的表面积比多孔玻璃体小，燃煤电厂粉煤灰火山灰活性不如矸石电厂粉煤灰。

③ 矸石电厂粉煤灰虽然品质差，但其活性较好，仍然具有利用价值，可实现循环经济，给矿区带来更大的经济效益。

参考文献

[1] 周双喜，喻乐华，邓文武.火山岩火山灰活性及其反应动力学的研究 [J].硅酸盐通报，2014，

33 (12): 3080-3084.

[2] 高增龙. 火山灰作为掺合料对混凝土性能影响的研究 [D]. 西安：西安理工大学，2018.

[3] 中华人民共和国国家质量监督检验检疫总局. GB/T 1596—2017. 用于水泥和混凝土中的粉煤灰 [S]. 北京：中国标准出版社，2017.

[4] 毛意中，黄少文，罗琦，等. 火山灰质材料火山灰活性检验方法的研究 [J]. 非金属矿，2016，39 (3)：4-6.

[5] 葛秀涛. 物理化学 [M]. 北京：中国科学技术大学出版社，2014.

[6] Takemoto K，Uchikawa H U. Hydration of pozzolanic cement [A]. Florilegium of Proceedings of 7th International Congress on the Chemistry of Cement [C]，Paris，France，1980：346-358.

[7] 吴学礼，陈孟，朱蓓蓉. 粉煤灰火山灰反应动力学的研究 [J]. 建筑材料学报，2002，5 (2)：120-125.

矸石电厂粉煤灰的活化技术及活化机理研究

矸石电厂粉煤灰在性能及应用方面远远不及燃煤电厂粉煤灰，但是也具备火山灰活性，要将其应用在实际工程中，就需要采取适当方式激发出其活性，使其能起到胶结作用，具备一定的和易性，从而代替部分水泥制备矿山充填材料及喷浆材料，既降低成本又能保护环境，从而实现循环经济。对于粉煤灰，一般采用的活化方法有：物理方法——粉磨；化学方法——各类碱、硫酸盐激发剂或多种复合激发；物理化学方法——表面改性、水热预处理、引入晶种法等[1-3]。本章分别从物理活化、化学活化和复合活化三种方式进行对比研究，以选择出最经济、合理的活化方式。

4.1 实验原料与设备

4.1.1 实验原料

主要原料有蒲白矸石电厂粉煤灰，PC32.5 复合硅酸盐水泥，ISO 标准砂，自来水等。

4.1.2 实验主要设备

(1) 粉煤灰粉磨设备

采用浙江绍兴市上虞区肖金化验设备厂的 MS500×500 型小型球磨机。

（2）成型仪器

样品成型设备见表 4.1。

表 4.1　成型设备

设备名称	型号（规格）	生产厂家
水泥胶砂搅拌机	JJ-5	无锡市精工建材实验设备厂
水泥胶砂振实台	ZS-15	无锡市精工建材实验设备厂
水泥胶砂试模	40×40×160	天津新三思实验仪器厂

（3）测试仪器

样品的测试设备见表 4.2。

表 4.2　测试仪器

设备名称	型号	生产厂家
电动抗折试验机	DKZ-5000	无锡建仪仪器机械有限公司
压力试验机	TYE-300B	无锡建筑材料仪器机械厂

（4）其他工具

电子台秤，天平，刷子，养护工具，铲刀等。

4.2　矸石电厂粉煤灰的物理活化

4.2.1　研究方案

物理活化采用干法粉磨，取一定量的矸石电厂粉煤灰在球磨罐中，然后在 800r/min 的转速下粉磨 180min，得到物理活化灰，磨细的粉煤灰以 30%代替水泥配料，同时将原灰以 30%代替水泥配料，按 GB/T 17671—1999 水泥胶砂强度检验方法进行试样的制备。制备好后，将试体连模一起自然养护 24h，脱模，然后在水中养护至 3d、28d、90d 及 180d 进行抗折、抗压强度测试。具体实验方案见下表 4.3。

表 4.3 物理活化实验方案

序号	水泥/g	粉煤灰/g	标准砂/g	水/mL	粉煤灰种类
A1	315	135（30%）	1350	225	蒲白矸石电厂原状粉煤灰
A2	315	135（30%）	1350	225	磨细后的蒲白矸石电厂粉煤灰

4.2.2 物理活化结果及其形貌分析

表 4.4 为通过将粉煤灰进行干法球磨后，按 30%比例等量替代水泥的 3d、28d、90d 及 180d 的抗折、抗压强度实验结果。

表 4.4 物理活化实验结果

序号	粉煤灰种类	粉煤灰/g	抗折强度/MPa				抗压强度/MPa			
			3d	28d	90d	180d	3d	28d	90d	180d
A1	原灰	135（30%）	1.47	3.84	5.35	5.92	4.62	16.02	22.71	23.76
A2	磨细粉煤灰	135（30%）	1.90	4.95	6.21	6.72	5.75	21.79	24.08	26.83

由表 4.4 可以看出，物理活化粉煤灰各龄期的抗折强度、抗压强度均大于蒲白矸石电厂原灰的胶砂强度，由此可见球磨可以提高粉煤灰的活性，这主要是由于：

① 通过球磨，粉煤灰粒径减小，比表面积增加，其微集料效应和形态效应得以发挥；

② 在球磨作用下，颗粒表面致密的玻璃体外壳被破坏，使内部的活性 SiO_2 和 Al_2O_3 暴露出来，有利于发挥“活性效应”；

③ 在粉碎过程中，部分外加能量转化成为颗粒表面能，增大了表面反应活性；

④ 通过强烈的球磨，粉体发生了一定的晶格畸变，晶粒尺寸变小，结构无序化，表面形成非晶态物质。

图 4.1～图 4.3 分别为未经活化的原状灰与经过物理活化的粉煤灰等量

替代 30%水泥制备的胶砂试样，在 28d、90d 和 180d 龄期下的扫描电镜图片。28d 扫描电镜型号为捷克 TESCAN 公司的 TS5136XM，90d、180d 扫描电镜型号为日本电子的 JSM-6390A。

由图 4.1 可以看出，胶砂试样经过 28d 养护，物理活化样品产生了发育完整的六方片状的 $Ca(OH)_2$、水化硅酸钙 C-S-H 凝胶以及少量针状钙矾石 AFt，同时试样的致密度得到大幅提高。这说明物理活化方式对矸石电厂粉煤灰有一定的活化效果，抗压强度比未球磨的试样强度提高了 24%（3d）和 36%（28d），但是球磨的成本较高。

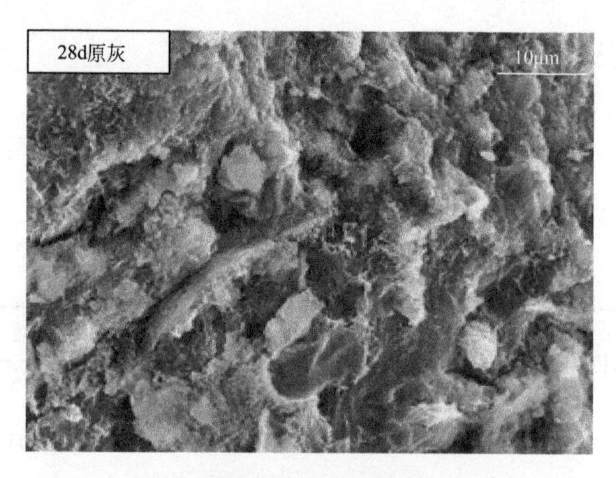

图 4.1 28d 龄期时胶砂试样 SEM 图

由图 4.2 和图 4.3 可以看出，90d 和 180d 龄期时，试样致密度进一步提高，物理活化样品的水化痕迹比原灰明显，致密度也比原灰样品好，且生成了少量针状 AFt，后期强度虽然有所增长，但与未活化的胶砂试样相差不大，分别提高了6%和13%。

图4.2　90d龄期时胶砂试样SEM图

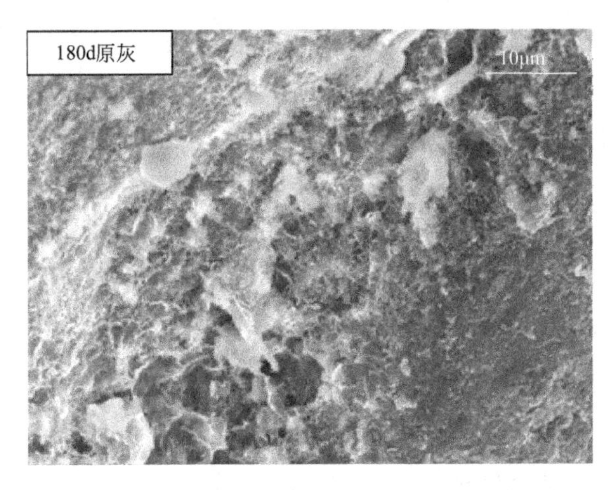

图4.3

图 4.3 180d 龄期时胶砂试样 SEM 图

4.3 矸石电厂粉煤灰的化学活化

对于低等级的粉煤灰来说，激发其活性有效简单的办法就是化学激发，即在粉煤灰中添加一些化学成分与粉煤灰中活性物质发生反应从而生成水化产物的过程。一般有三个途径：一是破坏粉煤灰坚硬致密的玻璃体表面和结构；二是补钙，提高粉煤灰中钙硅比；三是添加矿物成分使其能和粉煤灰发生反应[2]。常用的活化剂分为三类：碱激发剂、硫酸盐激发剂及氯盐激发剂，这三类活化剂都能起到较好的活化效果。

4.3.1 活化剂种类及掺量研究

(1) 活化剂种类的选择

通过查阅大量资料[4,5]，本研究在三类常用活化剂中选择较为价廉的活化剂，并选择活化剂加量范围：①硫酸盐激发：Na_2SO_4（1%～5%）、二水石膏（0.5%～2%）；②碱激发：NaOH（1%～3%）、$Ca(OH)_2$ 和 CaO（5%～15%）；③氯盐激发：$CaCl_2$（2%～4%）。

① 研究方案。以原状粉煤灰（135g）、水泥（315g）、标准砂（1350g）、

水（225g）为原料，分别加入不同种类的活化剂，进行胶砂强度实验，通过与不加任何活化剂的蒲白矸石电厂原状粉煤灰制备的胶砂试样做比较，选择出效果较好的活化剂。具体实验方案见表 4.5。按照表中的实验方案制备胶砂试样，自然养护 24h，脱模，然后在水中养护至 3d 龄期，进行抗折、抗压强度测试。

表 4.5 活化剂种类选择方案

活化剂分类	活化剂种类	活化剂加量	粉煤灰/g	标准砂/g	水泥/g	水/mL
碱类	CaO	5%	135±2	1350±5	315±2	225±1
	NaOH	1%	135±2	1350±5	315±2	225±1
	$Ca(OH)_2$	5%	135±2	1350±5	315±2	225±1
硫酸盐类	Na_2SO_4	3%	135±2	1350±5	315±2	225±1
	二水石膏	1%	135±2	1350±5	315±2	225±1
氯盐类	$CaCl_2$	3%	135±2	1350±5	315±2	225±1

② 结果与讨论。表 4.6 为按表 4.5 方案测得的 3d 抗压强度实验结果。由表 4.6 可以看出，掺了活化剂的粉煤灰试样的 3d 抗压强度均大于不加任何活化剂的原状粉煤灰试样 3d 抗压强度（4.62MPa），这表明通过化学激活能有效激发粉煤灰的早期活性。

表 4.6 3d 抗压强度数据

活化剂种类	活化剂	3d 抗压强度/MPa	价格（工业）
硫酸盐激发剂	二水石膏（1%）	6.96	150 元/吨
	Na_2SO_4（3%）	8.28	120 元/吨
碱激发剂	CaO（5%）	7.47	150 元/吨
	NaOH（1%）	7.58	500 元/吨
	$Ca(OH)_2$（5%）	7.94	380～580 元/吨
氯盐激发剂	$CaCl_2$（3%）	8.23	1200 元/吨
未加活化剂	—	4.62	

为了选择出综合效益较好的活化剂，节约资源，综合考虑不同种类活化剂的价格、活化剂活化性能、活化剂市场来源等各个影响因素，在此选出二水石膏、CaO、Na_2SO_4 这三种活化性能好、市场价格低、市场来源丰

富的活化剂。并给出选用这三种活化剂的理论依据：

a. 一方面，Na_2SO_4 易溶于水，可与体系中 $Ca(OH)_2$ 反应生成高度分散的 $CaSO_4$，这种分散的 $CaSO_4$ 更容易生成 AFt；另一方面，Na_2SO_4 可与体系中的 $Ca(OH)_2$ 反应生成 NaOH，增加了体系的碱性，因此 Na_2SO_4 的激发实际上是强碱和硫酸盐的双重激发。

b. 加入石膏可以减小气孔的尺寸并且可以降低孔隙率，并在早期生成大量的钙矾石，这些是导致早期强度有较大提高的主要原因。

c. 选择生石灰进行激活，一方面引入了 Ca^{2+}，有利于生成钙矾石，另一方面加入后反应生成 OH^- 使得体系的碱性增强，使粉煤灰在高碱度溶液中，活性 SiO_2 和 Al_2O_3 以离子的形式从粉煤灰颗粒表面溶出，促进粉煤灰的二次水化反应。

从表中可以看出，$CaCl_2$ 的激发效果比二水石膏和 CaO 的好，这是由于中性盐可以降低水化产物的电位，且其中的 Ca^{2+} 和 Cl^- 扩散能力很强，能穿透水化产物的表层，并与内部的活性物质反应生成水化氯铝酸钙，使水化物包裹层内外渗透压增大[6]，从而破坏包裹层，促进水化。但 $CaCl_2$ 对粉煤灰火山灰反应影响较小。

$$CaCl + Al_2O_3 + Cl^- + OH^- \longrightarrow 3CaO \cdot Al_2O_3 \cdot CaCl_2 \cdot 10H_2O$$

未选择氯盐的原因是：氯离子在溶液中呈酸性，可能会对钢筋混凝土产生腐蚀作用；氯离子会与 $Ca(OH)_2$ 反应生成不溶于水的氧氯化钙，从而起到早强作用，这种效果不适用于需要进行管道运输的胶砂体系；而且氯盐的成本比较高。

(2) 活化剂掺加量研究

① 研究方案。活化剂掺量对粉煤灰的活化效果影响较大，因此需要选出活化剂掺量的最佳配比。将上述实验选出的三种活化剂按照配比（加量取粉煤灰质量分数）精确称量好，分别与粉煤灰混合制备胶砂试样，进行强度实验，具体方案见表 4.7。

表 4.7　活化剂掺加量实验方案

Na_2SO_4 掺加量/%	CaO 掺加量/%	二水石膏掺加量/%
1	3	0.3
2	5	0.5

续表

Na_2SO_4 掺加量/%	CaO 掺加量/%	二水石膏掺加量/%
3	7	1
4	9	1.5
5	12	2
6	15	2.5

② 结果与讨论。表 4.8 与图 4.4 为不同种类和掺量的活化剂、按比例称量的粉煤灰、水泥、砂子和水混合制备的胶砂试样在 3d 龄期的抗折强度和抗压强度的实验结果。

表 4.8 3d 龄期时不同活化剂及掺加量的胶砂试样强度

Na_2SO_4		CaO		二水石膏	
抗压强度/MPa	抗折强度/MPa	抗压强度/MPa	抗折强度/MPa	抗压强度/MPa	抗折强度/MPa
6.08	1.62	6.14	1.17	5.08	1.12
8.69	2.33	7.15	1.2	6.83	1.43
8.28	2.05	7.47	1.25	6.96	1.25
8.27	1.66	7.5	1.5	6.69	1.34
8.06	1.62	6.58	1.38	6.07	1.38
7.12	1.57	5.42	0.68	4.75	1.14

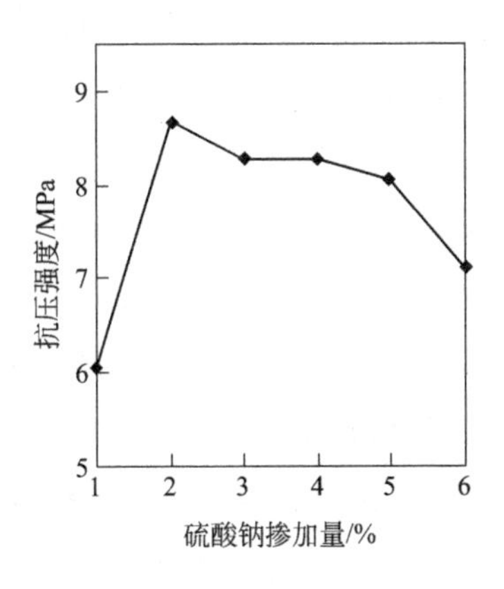

图 4.4

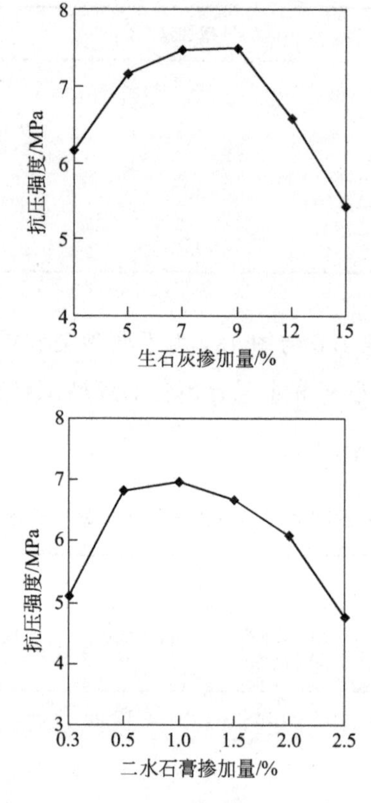

图 4.4 三种活化剂不同掺量的 3d 龄期抗压强度曲线

由表 4.8 和图 4.4 可以看出，掺活化剂粉煤灰的 3d 龄期抗折强度和抗压强度均大于未掺活化剂的粉煤灰（4.62MPa），但活化剂掺量的不同对粉煤灰强度的影响差别很大。掺量过少，随着活化剂掺量的增大，水化反应速率加快，胶凝体含量随之增加，影响粉煤灰强度的提升。反之，当加量过多时，在粉煤灰颗粒表面就会形成一层水化产物保护膜，阻止水化反应的进一步进行。

通过对表 4.9 和图 4.4 的分析，在此可以得出结论，激发剂的掺量决定了化学活化作用的大小，也就是说存在一个最佳掺量。当低于最佳掺量时，随着活化剂掺量的增大，水化反应速率加快，胶凝体含量随之增加。反之当高于最佳掺量时，在粉煤灰颗粒表面就会形成一层水化产物保护膜，阻止水化反应的进一步进行。在此选出各激发剂掺量为：Na_2SO_4（2%、3%、4%）、CaO（5%、7%、9%）、二水石膏（0.5%、1%、1.5%），为进一步进行正交实验提供依据。

4.3.2 化学活化正交实验

(1) 正交实验方案

由粉煤灰理化性质可知，矸石电厂粉煤灰含氧化钙量少于5%，故该粉煤灰属于低钙灰，选用激活剂时，通过补充钙来提高粉煤灰的活性，以此来提高掺入粉煤灰的水泥胶砂的早期强度，本实验选取CaO来增加钙的含量。通过加入硫酸钠、二水石膏提高料浆的pH值，破坏粉煤灰中玻璃体的网状结构，加大玻璃体中SiO_2、Al_2O_3等活性成分的溶出，提高矸石电厂粉煤灰的活性。表4.9为激发剂复配表，表4.10为粉煤灰原灰取代水泥量的30%时，对粉煤灰进行化学活化的三因素三水平正交实验方案。

表4.9 激发剂复配表

因素 水平	硫酸钠掺加量/%	氧化钙掺加量/%	二水石膏掺加量/%
1	2	5	0.5
2	3	7	1
3	4	9	1.5

表4.10 正交实验方案

序号	硫酸钠	氧化钙	二水石膏
D1	1 (2%)	1 (5%)	1 (0.5%)
D2	1 (2%)	2 (7%)	2 (1.0%)
D3	1 (2%)	3 (9%)	3 (1.5%)
D4	2 (3%)	1 (5%)	3 (1.5%)
D5	2 (3%)	2 (7%)	2 (1.0%)
D6	2 (3%)	3 (9%)	1 (0.5%)
D7	3 (4%)	1 (5%)	2 (1.0%)
D8	3 (4%)	2 (7%)	1 (0.5%)
D9	3 (4%)	3 (9%)	3 (1.5%)

续表

序号	硫酸钠	氧化钙	二水石膏
D10（30%原灰）	0	0	0
D11（水泥胶砂试样）	0	0	0

（2）结果与讨论

表 4.11 为活化剂复配正交实验结果表，图 4.5 与图 4.6 分别为正交实验抗折、抗压强度对比柱状图。

表 4.11 活化剂复配正交实验结果

序号	抗折强度/MPa				抗压强度/MPa			
	3d	28d	90d	180d	3d	28d	90d	180d
D1	1.57	3.94	6.26	6.77	6.88	17.63	24.66	27.21
D2	1.66	3.45	6.34	6.57	8.24	22.24	23.75	26.73
D3	1.80	4.34	7.17	7.25	7.40	19.57	24.31	27.02
D4	2.02	5.06	6.58	7.07	9.30	17.66	25.03	26.37
D5	2.31	4.32	6.15	6.35	9.37	23.57	23.79	25.82
D6	2.16	5.20	7.35	7.48	9.81	24.18	26.13	28.35
D7	2.14	4.72	6.23	6.72	9.50	21.66	25.18	27.29
D8	2.32	5.18	7.25	7.54	10.20	23.48	25.96	28.16
D9	1.98	5.16	6.52	6.75	9.04	22.89	25.24	27.20
D10（30%原灰）	1.47	3.84	5.35	5.92	4.62	16.07	22.71	23.76
D11（水泥胶砂试样）	2.72	6.89	8.04	8.96	12.98	33.68	35.88	39.64

由表 4.11 可以看出，通过正交实验，各配方胶砂试样的 3d、28d、90d 和 180d 龄期抗折强度和抗压强度虽与水泥胶砂强度有一定的差距，但均高于掺 30%原灰胶砂试样相应龄期的抗折、抗压强度。3d 龄期时，抗压强度高出掺 30%原灰的 48%以上，最高强度提高了 1.2 倍；28d 龄期时，抗压强度较掺 30%原灰胶砂试样的抗压强度最大提高 50%，90d 和 180d 抗折抗压强度虽然提高幅度较小，但是也能表明通过化学活化，能够有效地激发

矸石电厂粉煤灰的活性，尤其能大幅度地激发粉煤灰的早期活性。

从粉煤灰正交实验各因素掺量与胶砂试样的强度关系柱状图 4.5 和图 4.6 中可看出龄期越长，各个化学活化配方的抗折强度和抗压强度越大；化学活化各组胶砂试样抗折强度和抗压强度均高于原灰试样的强度，说明化学活化效果较好。

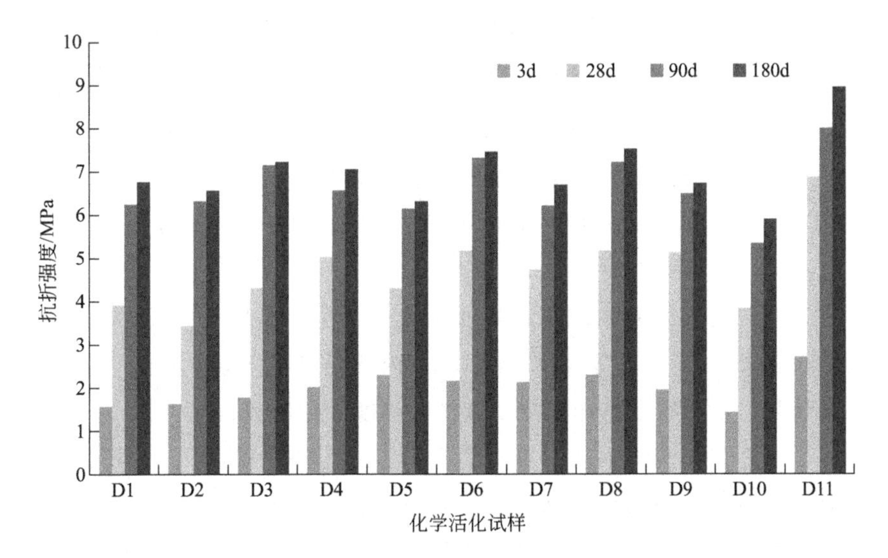

图 4.5 正交实验抗折强度对比图

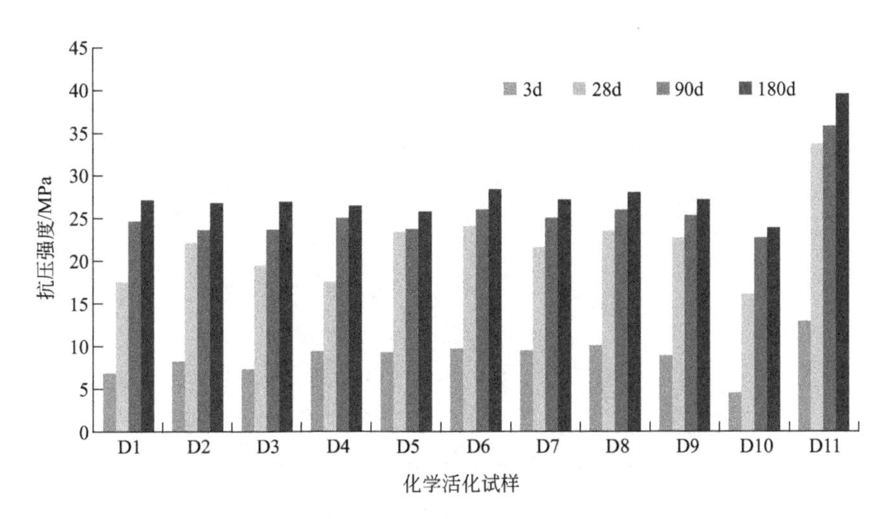

图 4.6 正交实验抗压强度对比图

这是由于在对矸石电厂粉煤灰进行化学活化时，加入了三种活化剂——氧化钙、硫酸钠和二水石膏。粉煤灰的化学成分呈弱酸性，在碱性环境中（在 OH^- 作用下），其颗粒表面的 Al—O 和 Si—O 键断裂，Si-O-Al 网络聚合体的聚合度降低，形成游离的不饱和活性键，使活性 SiO_2 和 Al_2O_3 溶出，且 OH^- 浓度越大，对 Si—O 和 Al—O 键的破坏作用越强。活性 SiO_2 和 Al_2O_3 与水泥水化产生的 $Ca(OH)_2$ 反应生成 C-S-H 或 C-A-H 凝胶。另外，SO_4^{2-} 在 Ca^{2+} 作用下，与粉煤灰颗粒表面的凝胶以及溶解于液相中的活性 Al_2O_3 反应生成水化硫铝酸钙 AFt，反应式为：

$$Al_2O_3\text{（活性）}+Ca^{2+}+OH^-+SO_4^{2-}\longrightarrow 3CaO\cdot Al_2O_3\cdot 3CaSO_4\cdot 32H_2O$$

二水石膏也可与部分水化铝酸钙反应生成 AFt，反应式为：

$$3CaO\cdot Al_2O_3\cdot 6H_2O+3(CaSO_4\cdot 2H_2O)+20H_2O\longrightarrow 3CaO\cdot Al_2O_3\cdot 3CaSO_4\cdot 32H_2O$$

AFt 在颗粒表面形成网络状或纤维状包裹层，其紧密度小于水化硅酸钙层，有利于 Ca^{2+} 扩散到颗粒内部，与内部的活性 SiO_2 和 Al_2O_3 反应，使得粉煤灰的活性得以继续发挥，试样的强度逐渐增大。

图 4.7 为正交实验中强度最高的样品 D6 的扫描电镜图片。可以看出，经过养护，各个龄期的化学活化胶砂试样发生了水化反应，生成大量的水化硅酸钙和柱状钙矾石 AFt，相互密集交织，胶结在一起。钙矾石有一定的膨胀作用，可以填补水化空间的空隙，使硬化体的密实度提高，起到补偿收缩的作用，使得粉煤灰-水泥胶砂体系各龄期抗压强度大幅提高。

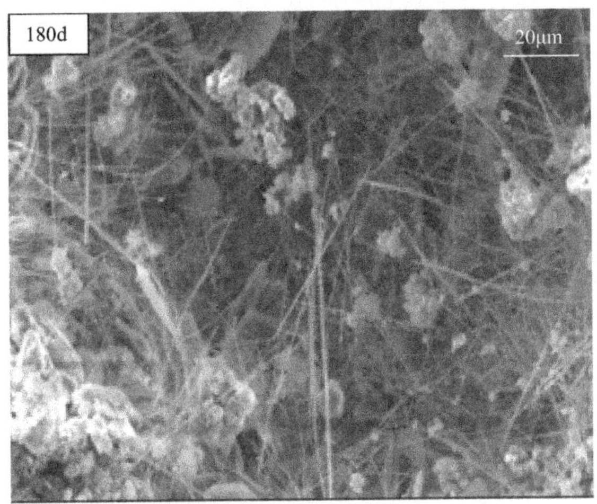

图 4.7 化学活化 D6 样品扫描电镜图片

(3) 极差分析

为了更好地研究正交实验各方案的优劣，在此对正交实验数据进行极差分析。通过极差分析表能更清晰地了解各种激发剂对粉煤灰早期以及中期强度的影响规律。对 3d、28d 和 180d 龄期抗折强度和抗压强度的极差分析结果见表 4.12。

表 4.12　抗压、抗折强度极差分析表　　单位：MPa

激发剂因素	硫酸钠		氧化钙		二水石膏	
	抗折强度	抗压强度	抗折强度	抗压强度	抗折强度	抗压强度
K_1	1.68	7.51	1.91	8.56	2.02	8.96
K_2	2.16	9.49	2.10	9.27	2.04	9.04
K_3	2.15	9.58	1.98	8.75	1.93	8.58
R_1	0.48	2.07	0.19	0.71	0.11	0.46
K_4	3.91	19.81	4.57	19.8	4.77	21.76
K_5	4.86	21.80	4.32	23.09	4.16	22.49
K_6	5.02	22.68	4.9	22.21	4.85	20.04
R_2	1.11	2.87	0.58	3.29	0.69	2.45
K_7	6.86	26.99	6.85	26.96	7.26	27.91
K_8	6.97	26.85	6.82	26.90	6.55	26.61
K_9	7.00	27.55	7.16	27.52	7.02	26.86
R_3	0.14	0.7	0.34	0.62	0.71	1.3

K_1、K_2、K_3 分别表示 3d 龄期各因素水平 1、2、3 的抗折、抗压强度算术平均值，R_1 代表 3d 龄期的抗折、抗压强度极差，K_4、K_5、K_6 分别代表 28d 龄期各因素水平 1、2、3 的抗折、抗压强度算术平均值，R_2 表示 28d 龄期的极差，K_7、K_8、K_9 分别代表 180d 各因素水平 1、2、3 抗折、抗压强度算术平均值，R_3 表示 180d 龄期的极差，极差越大则说明对强度的影响越大。

从表 4.12 可以看出，3d 龄期时，硫酸钠的极差 R 最大，说明硫酸钠对早期活化强度影响最大，依次是：硫酸钠＞氧化钙＞二水石膏。同时得出早期强度最佳配方为：氧化钙（7%）、二水石膏（1.0%）、硫酸钠（4%）。

分析28d龄期可以得出氧化钙对后期活化强度影响最大，这是由于矸石粉煤灰为低钙灰，氧化钙大量补充了粉煤灰中的钙离子。对后期活化强度影响依次为：氧化钙>硫酸钠>二水石膏。最佳配方为：氧化钙（7%）、二水石膏（1.0%）、硫酸钠（4%）。

随着龄期更长，180d时各因素对强度的影响依次是二水石膏>硫酸钠>氧化钙，最佳配方为氧化钙（9%）、二水石膏（0.5%）、硫酸钠（4%）。在具体施工过程中可以按照工程龄期长短的要求选择不同的化学活化配方，以此来满足不同龄期的强度要求。

4.3.3 陈腐工艺对化学活化的影响

(1) 实验方案

选取正交实验中其中一组进行陈腐工艺研究，本章选择正交实验方案中的D1（氧化钙5%、二水石膏0.5%、硫酸钠2%）组陈腐1d、3d、7d后进行胶砂强度实验。将复配好的试样分别与粉煤灰混合均匀，做好标记，分别陈放1d、3d、7d密封保存，备用。达到陈放期后进行胶砂强度实验。

(2) 结果与讨论

陈腐实验具体结果见表4.13。

表4.13 陈腐工艺强度

陈腐时间/d	抗折强度/MPa		抗压强度/MPa	
	3d	28d	3d	28d
0（未陈腐）	1.57	3.94	6.88	17.63
1	1.71	4.02	7.09	20.21
7	2.35	4.58	8.06	22.13

由图 4.8 和图 4.9 可以看出，未经陈腐的 28d 龄期的试样已经产生了明显的水化痕迹，六方片状的氢氧化钙以及水化硅酸钙凝胶已经产生。当陈腐 3d 时，空隙中除了水化硅酸钙凝胶外，还产生了大量相互交织在一起的短柱状钙矾石，使得其抗压强度提高。因此，陈腐工艺是有利于粉煤灰的化学活化的，但是陈腐需要时间与大量的场地，此工艺是否施行，视不同工程情况而定。

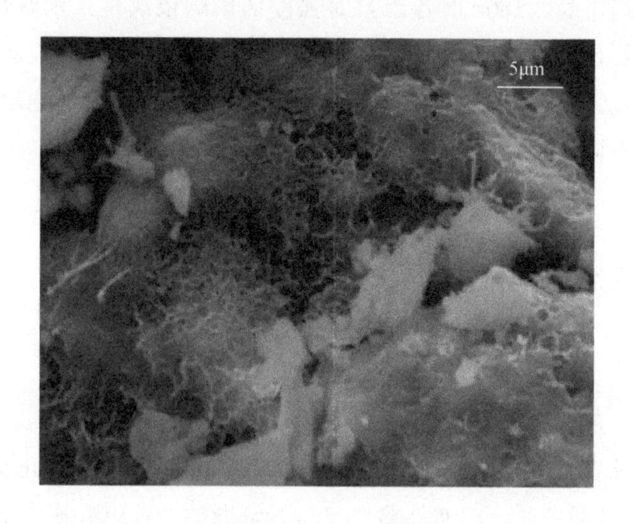

图 4.8　未经陈腐样品 28d 龄期 SEM 图

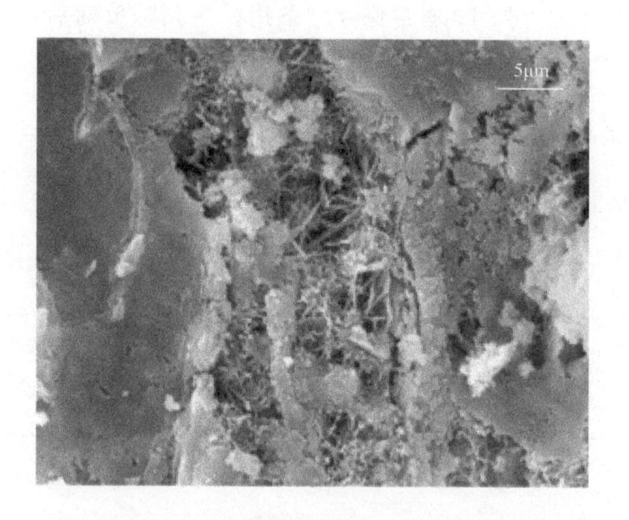

图 4.9　陈腐 3d 样品 28d 龄期 SEM 图

4.4 矸石电厂粉煤灰的复合活化

4.4.1 研究方案

从化学活化实验中得到三组最优的配方，将粉煤灰分别与化学活化中得到的三组最佳配方中的生石灰、二水石膏和无水硫酸钠三种激活剂混合均匀并陈腐24h，将陈腐后的物料置于球磨机中球磨120min，即成为物理化学活化灰，再按照物理活化得到的配方来制备试样，具体实验方案见表4.14。

表4.14 复合活化方案复配表

序号	水泥/g	粉煤灰/%	氧化钙/%	二水石膏/%	硫酸钠/%	水/mL	标准砂/g
D5	315	30	7	1.0	3	225	1350
D6	315	30	9	0.5	3	225	1350
D8	315	30	7	0.5	4	225	1350

4.4.2 复合活化强度结果及其形貌分析

鉴于物理活化与化学活化各自特点，在满足使用性能的基础上，为了达到成本最低化，选择化学激活配方D5、D6和D8，制成物理化学活化灰。按GB/T 17671—1999水泥胶砂强度检验方法进行试样的制备、养护和3d、28d、90d和180d龄期的强度测试，所得结果见表4.15。

由表4.15可以看出，通过物理、化学以及复合活化，胶砂试样的中期强度和后期强度均得到了一定程度的提高，这说明在复合活化方式的作用下，粉煤灰的活性得到了较好激发，更多的活性SiO_2和Al_2O_3参与反应，提高了胶砂试样的强度。

表 4.15 复合活化实验结果表

序号	抗折强度/MPa				抗压强度/MPa			
	3d	28d	90d	180d	3d	28d	90d	180d
D5	2.25	4.37	6.21	6.43	8.78	25.34	25.87	26.45
D6	2.13	5.26	7.38	7.52	8.85	24.62	26.71	29.03
D8	2.95	5.21	7.49	7.65	10.01	23.96	26.08	28.89

经过物理化学复合活化后的粉煤灰制备的胶砂试样 28d、90d 和 180d 龄期扫描电镜图谱分别如图 4.10～图 4.12 所示。

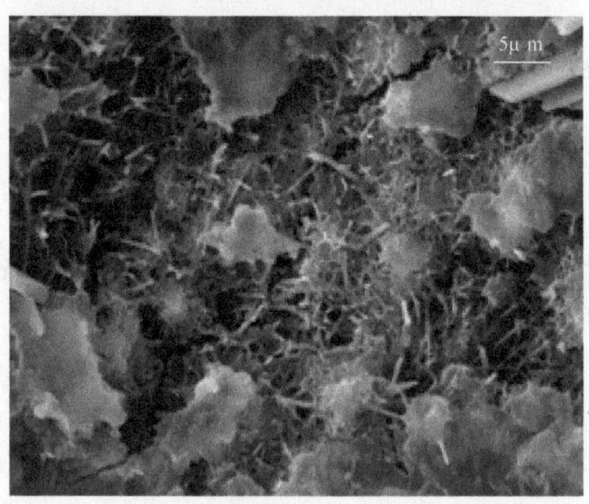

图 4.10 复合活化 28d 样品扫描电镜图

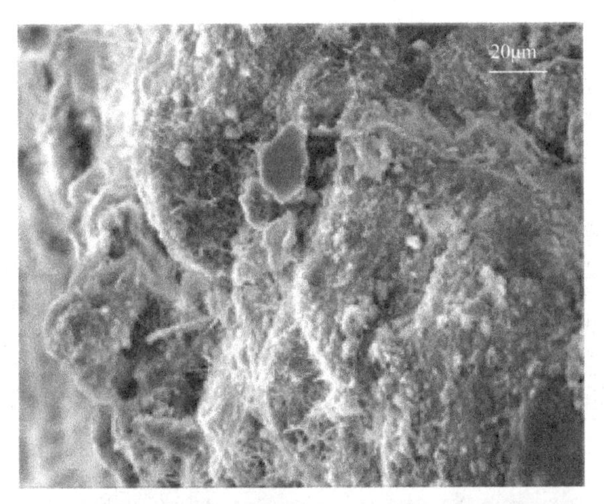

图 4. 11 复合活化 90d 样品扫描电镜图

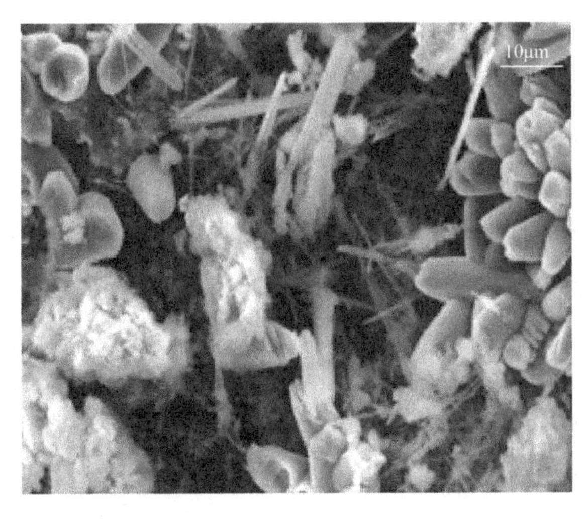

图 4. 12

图 4.12　复合活化 180d 样品扫描电镜图

由图 4.10 可以看出，复合活化养护 28d 时，产生了大量的氢氧化钙、水化硅酸钙以及钙矾石，相互交织，填充空隙，胶结骨料，形成了较为密实的水泥石。但是可能由于工艺原因，水泥石结构产生了大量的微裂纹，导致强度本应大幅提高的复合活化效果降低。

由图 4.11 和图 4.12 可以看出，随着龄期的增加，结构越来越致密，水化生成了大量水化硅酸钙和钙矾石，相互交织，填充胶砂试样的空隙，使得强度仍然有所增长。

4.5　三种活化方式对比研究

将三种活化方式进行对比，结果见表 4.16。其中化学活化及复合活化均采用 D6 试样进行配比。

由表 4.16 可以看出，化学活化和复合活化能大幅度提高胶砂试样的强度，较好地激发了粉煤灰的活性。虽然复合活化 3d 强度略低于化学活化，但是中后期强度均比化学活化高，说明复合活化效果比化学活化好。不过考虑到物理活化成本较高、工艺复杂，而且复合活化的效果与化学活化相比差距不大，因此依然采用工艺简单、成本低廉的化学活化对粉煤灰进行活性激发。

表 4.16 不同活化方式对比结果

活化方式	抗折强度/MPa				抗压强度/MPa			
	3d	28d	90d	180d	3d	28d	90d	180d
未活化	1.47	3.84	5.35	5.92	4.62	16.02	22.71	23.76
物理活化	1.90	4.95	6.21	6.72	5.75	21.79	24.08	26.83
化学活化	2.16	5.20	7.35	7.48	9.81	24.18	26.13	28.35
复合活化	2.13	5.26	7.38	7.52	8.85	24.62	26.71	29.03

4.6 本章小结

① 物理活化对矸石电厂粉煤灰抗折、抗压强度提高效果不明显，并且通过粉磨，活化成本较高。化学活化能够较大幅度提高矸石电厂粉煤灰的活化效果，可适用于充填与支护，且成本低廉，有利于降低充填成本。

② 对于矸石电厂粉煤灰的活化技术从优到劣的顺序为：复合活化＞化学活化＞物理活化。

③ 活化剂的最佳复配比：氧化钙（7%）、二水石膏（1%）、硫酸钠（4%）。

④ 陈腐工艺有利于化学活化，对抗压强度有一定的提高，但是陈腐需要时间和大量场地，此工艺是否施行，视不同工程情况而定。

参考文献

[1] 王迎春，苏英，周世华. 水泥混合材和混凝土掺合料 [M]. 北京：化学工业出版社，2011.
[2] 廖建勋. 低等级粉煤灰改性及其在混凝土中的应用 [D]. 绵阳，西南科技大学，2016.
[3] 连帅强，单俊，鸿李阳，等. 粉煤灰活性提升技术的研究进展 [J]. 粉煤灰综合利用，2019，(3)：93-96.
[4] 王国靖，程黎明，齐英伟. 大掺量粉煤灰碱激发胶凝材料的活性分析 [J]. 四川水泥，2015，

(11)：46.

[5] 屈磊，吴随，王春芳.粉煤灰活化技术研究 [J].粉煤灰，2014，(4)：4-5，9.

[6] 张佩.粉煤灰活性激发及其机理研究 [D].石家庄，石家庄铁道大学，2018.

矸石电厂粉煤灰基膏体充填材料及性能研究

矸石电厂粉煤灰基膏体充填材料由大量粉煤灰、少量水泥和砂子（石子）、活化剂等原料制备而成。配比设计要满足充填材料的强度要求，即8h强度不小于0.18MPa，28d强度不小于2MPa；要满足膏体充填的泵送要求，料浆要有较好的流动性、黏聚性，坍落度必须在80～220mm之间，静置泌水率不超过3%，泵送时间不小于2～4h[1]；同时要节约胶结料加量，尽量提高粉煤灰掺量，以降低成本。

5.1 配比设计实验

充填材料配比是决定充填质量及充填成本的关键因素，需要有合理的选择依据。本章配比依据如下：选择成本低、来源广，因地制宜并符合环境保护要求的充填材料；满足充填料浆管道输送方式的工艺要求；根据需要调整料浆配比或者采用低成本的可代替水泥的原料来降低充填成本；材料配比及制备工艺简单；充填体强度须满足采矿工艺要求。

5.1.1 实验原料和研究方案

(1) 实验原料

P.C32.5复合硅酸盐水泥，蒲白矿矸石电厂粉煤灰，普通砂（中砂，粒径小于5mm），石子（10～15mm的碎石），化学活化剂为生石灰7%、二水石膏1%、硫酸钠4%。

(2) 研究方案

通过胶砂比对比实验、粉煤灰掺量对比实验，确定膏体充填材料中粉煤灰、骨料砂子以及水泥的用量，为正交实验配比设计提供依据。

5.1.2 胶砂比对比实验

研究砂子用量对充填材料抗压强度的影响，实验条件为水泥100kg/m^3、粉煤灰400kg/m^3，胶砂比＝1∶10、1∶5和1∶2，质量分数70%，分别制备试样，结果见表5.1。

表5.1 胶砂比对比实验结果

胶砂比	抗压强度/MPa		
	8h	3d	28d
1∶10	0	1.963	10.613
1∶5	0	2.283	12.185
1∶2	0.196	2.785	14.444

由表5.1分析可知，充填材料中普通砂用量显著影响了材料抗压强度。而对充填体8h的强度要求为抗压强度不低于0.18MPa，故可确定胶砂比为1∶2，既能满足早期（8h）强度要求，又可减少普通砂的用量。

5.1.3 粉煤灰掺量对比实验

已确定胶砂比为1∶2，通过改变粉煤灰的掺量，确定水泥与粉煤灰的配比。实验条件为水泥100kg/m^3，水泥∶粉煤灰分别为1∶4，1∶5，1∶6，1∶7，1∶8，料浆质量分数70%，实验结果见表5.2。

根据表5.2，得出粉煤灰掺加量与8h、3d和28d抗压强度关系图，如图5.1所示。

由表5.2和图5.1分析可知，粉煤灰掺加量极大影响了早期强度，掺入粉煤灰的量越多，早期强度越低。当粉煤灰加量为水泥加量的7倍甚至更多时，8h不能脱模。由实验现象可知，掺入粉煤灰的量越多，需水量越大。根据 8h 强度不低于 0.18MPa 的要求，可确定水泥与粉煤灰配比为 1∶5。

表 5.2 粉煤灰掺量对比实验结果

水泥∶粉煤灰	抗压强度/MPa		
	8h	3d	28d
1∶4	0.196	1.208	12.963
1∶5	0.188	1.085	11.717
1∶6	0.176	1.021	10.102
1∶7	0	0.763	9.922
1∶8	0	0.738	9.735

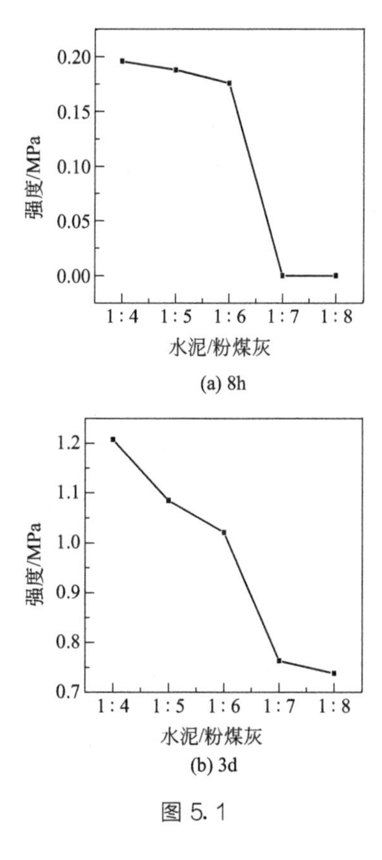

(a) 8h

(b) 3d

图 5.1

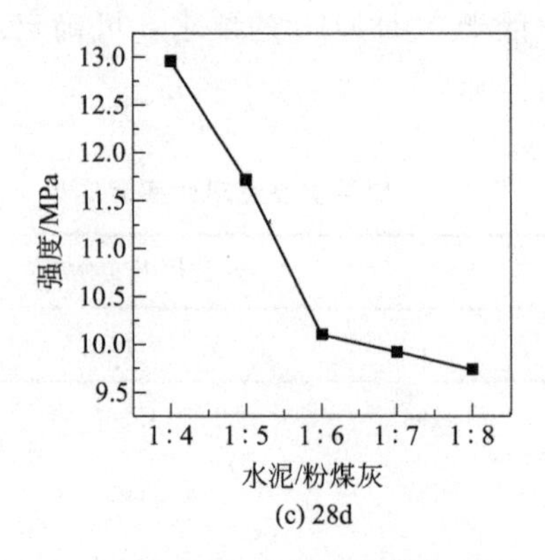

图 5.1 粉煤灰（FA）加量与试样 8h、3d 和 28d 抗压强度的关系

5.1.4 正交实验设计

充填材料配方实验通过正交实验进行，采用四因素三水平表。由已确定的胶砂比、水泥与粉煤灰比来设计膏体充填材料实验的因素与水平，具体见表 5.3。确定因素与水平后，即可选用正交表安排实验，实验方案见表 5.4。

表 5.3 膏体充填材料因素及水平

水平	因素			
	砂子占骨料比例/%	胶结料加量/（kg/m^3）	粉煤灰加量/（kg/m^3）	料浆质量分数/%
1	100	100	450	70
2	80	120	500	70.5
3	60	140	550	71

表 5.4 正交实验配比

实验编号	砂子占骨料比例/%	胶结料加量/（kg/m^3）	粉煤灰加量/（kg/m^3）	料浆质量分数/%
PB-1	100	100	450	70
PB-2	100	120	500	70.5
PB-3	100	140	550	71
PB-4	80	100	500	71

续表

实验编号	砂子占骨料比例/%	胶结料加量/(kg/m³)	粉煤灰加量/(kg/m³)	料浆质量分数/%
PB-5	80	120	550	70
PB-6	80	140	450	70.5
PB-7	60	100	550	70.5
PB-8	60	120	450	71
PB-9	60	140	500	70

5.2 输送性能研究

5.2.1 坍落度

坍落度是鉴别混凝土流动性和检测其均匀性的一个重要技术指标，直接反映了浆体在管道中的摩擦阻力和流动能力。浓度过高、坍落度过低、浆体流动性较差，不便于输送；而浓度过低、坍落度过高，则浆体容易发生分层离析。因此，需要根据输送距离、输送方式、流量等参数以及原料的性质来设计坍落度，既要保证料浆正常输送，又不能影响充填体凝固效果[2]。坍落度实验仅适用于集料最大粒径不大于40mm，坍落度不小于10mm的拌合物。

将拌合物按一定方法装入坍落度筒（如图5.2所示），并进行插捣，装满刮平后，垂直平稳地提起坍落度筒，料浆因自重塌落，测量筒高与坍落后料浆最高点之间的高度差，即为坍落度值。根据坍落度值，可将混凝土拌合物分为：流态的（坍落度大于80mm）、流动性的（坍落度为30～80mm）、低流动性的（坍落度为10～30mm）及干硬性的（坍落度小于10mm）[3]。实验根据我国现行试验法（GB/T 50080—2016）和（JTG E30—2005）规定操作。

矸石电厂粉煤灰含较多的多孔碳粒，导致粉煤灰质量很轻，其中的碳粒更轻，所以在振捣过程中，很容易上浮到浇筑层的表面，导致在混凝土层面之间形成薄弱环节，影响层面之间的强度。所以使用粉煤灰时，在满足流动度的前提下，应把坍落度设计小一些，防止过振。

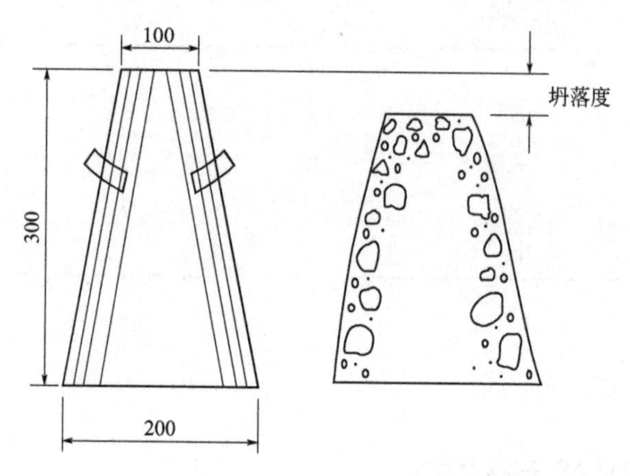

图 5.2　混凝土拌合物坍落度示意图

(1) 实验设备

坍落度筒、捣棒、小铲、钢尺、拌板、刮刀、下料斗等。

(2) 研究方法

① 坍落度筒内壁和底板应润湿无明水；底板放置在坚实水平面上，并把坍落度筒放在底板中心，然后用脚踩住两边的脚踏板，坍落度筒在装料时应保持在固定的位置。

② 把料浆分三层均匀地装入坍落度筒内，每装层拌合物，用捣棒由边缘到中心按螺旋形均匀插捣 25 次，捣实后每层试样高度约为筒高的 1/3。

③ 捣底层时，捣棒贯穿整个深度，播捣第二层和顶层时，捣棒应插透本层至下层的表面。

④ 顶层料浆装料应高出筒口，插捣过程中，料浆低于筒口时，随时添加。

⑤ 顶层插捣完后，取下装料漏斗，用刮刀刮去多余的料浆，并沿筒口抹平。

⑥ 清除筒边底板上的料浆，垂直平稳地提起坍落度筒，坍落度筒的提离过程宜控制在 3～ 7s，从开始装料到提坍落度筒的整个过程连续进行，在 150s 内完成。

⑦ 当试样不再继续坍落或坍落时间达 30s 时，用钢尺测量出筒高与坍

落后浆体最高点之间的高度差，即为坍落度值，精确到 1mm。如发生崩塌或一边剪坏现象，则应重新取样测定；如第二次仍出现上述现象，则表示料浆和易性不好。

⑧ 观察浆体的黏聚性、保水性和抗离析性。

(3) 结果分析

此次坍落度实验选取正交表中的第一组配方（水泥 100kg/m^3，砂子占骨料比例 100%，粉煤灰 450kg/m^3，料浆质量分数 70%），坍落度实验结果见表 5.5。

表 5.5 坍落度实验结果

时间/min	0	30	60	90	120	150
坍落度/mm	100	98	96	93	86	80

由表 5.5 可得坍落度与时间的关系，如图 5.3 所示。通过坍落度实验并观察实验现象，可以得到以下结论：

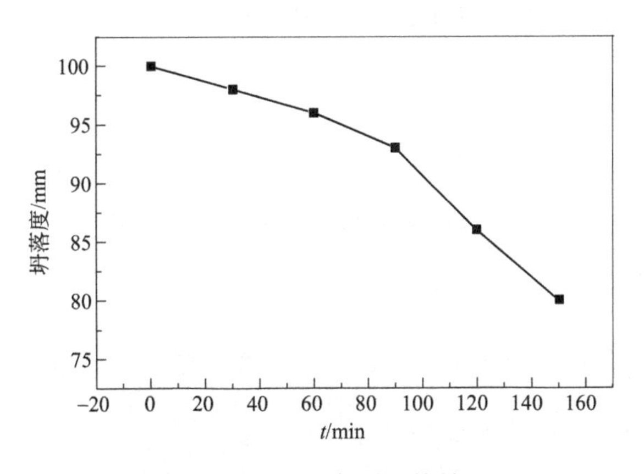

图 5.3 坍落度与时间的关系

① 用捣棒在已坍落的料浆锥体侧面轻轻敲打，锥体逐渐下沉；坍落度筒提起后仅有少量稀浆体自底部析出，说明料浆黏聚性良好，保水性较好，因此这种材料稳定性好。

② 初始坍落度值为 100mm，料浆拌合 150min 时坍落度为 80mm，说明流动性良好。不同种类的拌合物对坍落度要求也不同，对于膏体材料而言，坍落度大于 80mm 即可使用专用膏体泵泵送，良好可泵送性的膏体坍

落度为 120～200mm[4]。

③ 在 150min 之内，坍落度由 100mm 到 80mm，说明料浆发生了一些水化反应，但仍然具有流动性。故膏体充填料浆满足可泵时间要求（一般可泵时间不小于 2～4h）。

由此可知，矸石电厂粉煤灰对拌合物的坍落度影响较大，主要是由于这种粉煤灰含有大量多孔碳粒和多孔玻璃体，球形颗粒很少，使粉煤灰需水量较大，导致浆体拌合物黏稠性较大，保水性和黏聚性良好，坍落度值相对较小。因此使用这种粉煤灰时，需要专用膏体泵进行泵送。

5.2.2 流动度

流动度用于衡量水泥胶砂的可塑性、需水量和流动性。由于坍落度实验需使用大量原料，而实验所用的粉煤灰数量有限，无法测出每一组配比的坍落度，因此通过流动度来表征各组配比的流动性。本实验借助水泥胶砂流动度测定仪完成，仅通过测量正交表中各配比在规定振动状态下的流动度来衡量膏体充填材料的流动性，作为充填材料输送性能的参考。实验根据 GB/T 2419—2005《水泥胶砂流动度测定方法》进行。

(1) 实验主要仪器

水泥胶砂流动度测定仪（见图 5.4）、水泥胶砂搅拌机、试模（由截锥圆模和模套组成，截锥圆模尺寸为高度 60mm、上口内径 70mm、下口内径 100mm、下口外径 120mm，其结构见图 5.5）、捣棒、直尺、刮刀、天平。

图 5.4 水泥胶砂流动度测定仪

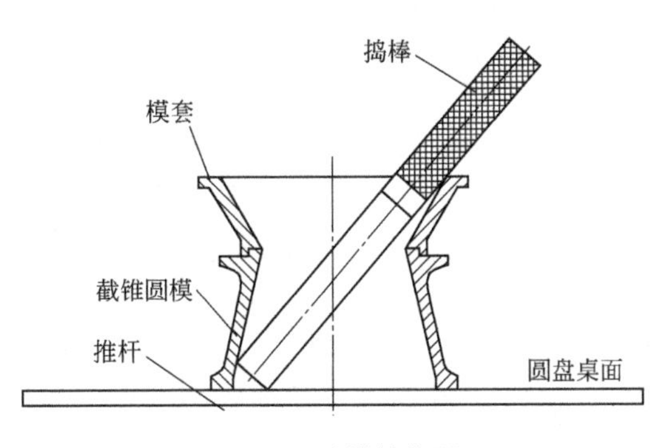

图 5.5 试模结构图

(2) 研究方法

① 若跳桌在 24h 内未被使用，先空跳 25 次。

② 将料浆分两层装入试模，第一层装至截锥圆模高度约三分之二处，用捣棒由边缘至中心均匀捣压 15 次；然后装第二层胶砂，装至高出截锥圆模约 20mm，再捣压 10 次，此时料浆应略高于试模。装料浆和捣压时，扶稳试模，不要使其移动。

③ 捣压完毕，取下模套，用刮刀从中间向边缘分两次抹去高出截锥圆模的料浆，将截锥圆模垂直向上提起，开动跳桌，以每秒钟一次的频率，在 25s±1s 内完成 25 次跳动。

④ 流动度实验从加水开始到测量扩散直径结束，应在 6min 内完成。

⑤ 跳动完毕，用直尺测量胶砂底面互相垂直的两个方向直径，计算平均值，取整数，单位为 mm。该平均值即为膏体充填材料的流动度。

(3) 结果分析

流动度实验结果见表 5.6。由表 5.6 可以看出，第五组、第六组和第九组配方的流动性好，其中第六组配方的流动性最好。第一组、第二组、第三组、第八组配方的流动性较好。第四组、第七组配方的流动性很差，且第七组配方的流动性最差。

因为第一组配方已做过坍落度实验，初始坍落度为 100mm，流动性好，150min 坍落度为 80mm，满足膏体充填材料的流动性和泵送要求。再看第一组配方的流动度，其值为 180mm，对比第一组配方的流动度（180mm）与坍落度（100mm），表明第一、二、三、五、六、八、九组配方各自能满足膏体充填材料的输送性能要求，但第四组和第七组配方不能满足膏体充填的输送性能要求。

表 5.6 矸石电厂粉煤灰基膏体充填材料流动度

实验编号	砂子占骨料比例/%	胶结料加量/（kg/m^3）	粉煤灰加量/（kg/m^3）	料浆质量分数/%	流动度/mm
PB-1	100	100	450	70	180
PB-2	100	120	500	70.5	183
PB-3	100	140	550	71	188
PB-4	80	100	500	71	162
PB-5	80	120	550	70	194
PB-6	80	140	450	70.5	210
PB-7	60	100	550	70.5	145
PB-8	60	120	450	71	189
PB-9	60	140	500	70	207

对流动度作极差分析。极差是用来划分因素重要程度的依据，某因素的极差最大，说明该因素的水平改变引起实验结果的变化最大，是关键因素。极差分析具体见表 5.7。

表 5.7 膏体充填材料流动度极差分析

因素	砂子比例	胶结料加量	粉煤灰加量	质量分数
K_1	184	162	193	194
K_2	189	189	184	179
K_3	180	202	176	180
极差	9	40	17	15

根据表 5.7 中极差大小，影响流动度因素的顺序依次为：胶结料加量＞粉煤灰加量＞料浆浓度＞骨料中砂子比例。故影响该膏体充填材料流动度的主要因素为胶结料加量，其次为粉煤灰加量。由表 5.7 中第三列分析可知，随胶结料加量的增加，流动度增加；由表第四列分析可知，随粉煤灰加量的增加，流动度减小，这与粉煤灰的理化性质相符合。由此可以得到

膏体充填材料流动度最好的配方为：砂子加量占骨料比例 80%，水泥 140kg/m^3，粉煤灰加量 450kg/m^3，料浆质量分数 70.5%。

5.2.3 凝结时间与泌水率

凝结是膏体充填材料的重要性质之一，凝结程度可用于确定充填材料是否易于施工及何时可以承受载荷。凝结时间分为初凝和终凝。初凝时间表示施工时间极限，终凝时间表示充填体力学强度的发展开始。我国按美国材料试验标准（ASTMC 403）提出的贯入阻力试验来确定混凝土的凝结时间。贯入阻力达 3.5MPa 和 28MPa 对应的时间分别表示初凝和终凝。测定料浆的凝结时间，对料浆的搅拌、输送及施工具有重要的参考作用。

泌水率是指一定时间内从充填试样中泌出的水分占拌合用水总量的百分比，是测定拌合物保水性大小的指标，可以判断出该拌合物和易性的优劣情况。由于实验原料有限，本次实验也选择配比 PB-1（水泥 100kg/m^3，砂子占骨料比例 100%，粉煤灰 450kg/m^3，料浆质量分数 70%）来测定充填材料的凝结时间和泌水率。

（1）实验主要仪器

贯入阻力仪，包括加荷装置、测针和砂浆试样筒，吸管，量筒。

（2）研究方法

① 按要求制备膏体充填材料料浆，将料浆一次分别装入三个试样筒中。所用配比料浆坍落度大于 70mm，用捣棒人工捣实。捣实时，沿螺旋方向由外向中心均匀插捣 25 次，然后用橡皮锤轻轻敲打筒壁，直至捣孔消失为止。插捣后，表面应低于试样筒口约 10mm，试样筒应立即加盖。

② 砂浆试样制备完毕，编号。在整个测试过程中，不进行吸取泌水或贯入试验时，试样筒应始终保持加盖。

③ 测定凝结时间从水泥与水接触瞬间开始计时。根据充填材料的性能，确定实验时间，在临近初、终凝时可增加测定次数。

④ 每次测试前 2min，将 20mm 左右厚的垫块垫入筒底一侧使其倾斜，用吸管吸去表面的泌水，吸水后平稳地复原。

⑤ 测试时将料浆试样筒置于贯入阻力仪上，测针端部与料浆表面接触，

然后在（10±2)s 内均匀地使测针贯入料浆（25±2)mm 深度，记录贯入压力。各测点的间距大于测针直径的两倍且不小于 15mm，测点与试样筒壁的距离不小于 25mm。

⑥ 贯入阻力测试在 0.2～28MPa 之间至少进行 6 次，直至贯入阻力大于 28MPa 为止。在测试过程中根据料浆凝结状况，适时更换测针，见表 5.8。

表 5.8　测针选用规定表

贯入阻力/MPa	0.2～3.5	3.5～20	20～28
测针面积/mm^2	100	50	20

(3) 结果分析

所测 PB-1 贯入阻力与泌水见表 5.9。根据表 5.9，可绘制贯入阻力与时间关系曲线，如图 5.6 所示。

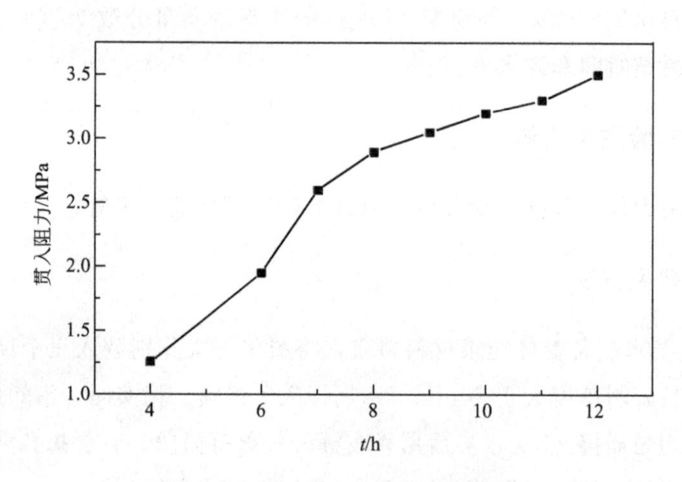

图 5.6　贯入阻力与时间关系曲线

由图 5.6 可得初凝时间为 12h，这可能是由于水泥的质量和用量影响了浆体的凝结时间。由表 5.9 可计算泌水率＝泌水总量/加水量＝153/5100＝3%。充填材料的初凝时间和泌水率必须满足一定要求，初凝时间一般 4h 以上，静置泌水率不超过 3%。本组配方初凝时间与泌水率均满足要求，有利于充填材料的长距离输送。

表 5.9 贯入阻力与泌水

时间/h	泌水/mL	贯入阻力/N	测针/mm^2	单位面积贯入阻力/MPa
4	62	125	100	1.25
6	45	195	100	1.95
7	24	260	100	2.60
8	16	290	100	2.90
9	6	305	100	3.05
10	0	320	100	3.20
11	0	330	100	3.30
12	0	350	100	3.5

5.3 抗压强度研究

膏体充填材料的抗压强度是评定充填材料质量的重要指标之一。对充填材料的早期、后期抗压强度均有要求。

5.3.1 膏体充填材料抗压强度实验

(1) 实验仪器

三联试模（40mm×40mm×160mm）、TYE-300B 型压力试验机（图 5.7）、YYW-1 型手动石灰土无侧限压力仪（图 5.8）、模具、刮刀、振动台等。

(2) 试件成型

① 成型前试模内表面涂一薄层矿物油。

② 搅拌材料时材料的用量应以质量计，称量精度：水、胶凝材料±0.5%，骨料为±1%。

③ 拌制的材料应在拌制后最短的时间内成型，一般不宜超过 15min。

图 5.7 压力试验机

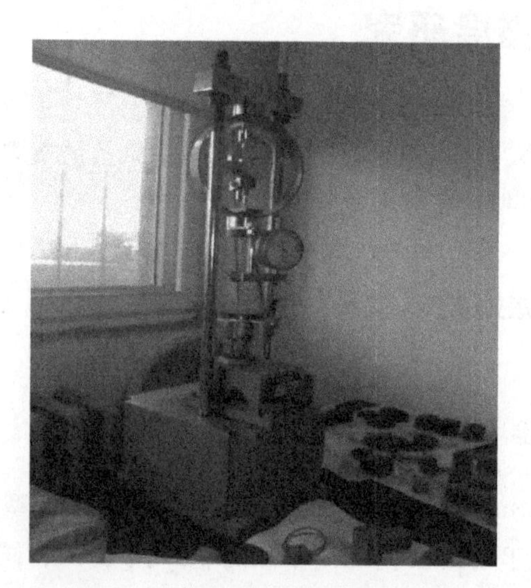

图 5.8 手动石灰土无侧限压力仪

(3) 试件的养护

① 试件成型后应立即用不透水的薄膜覆盖表面。

② 同条件养护试件的拆模时间可与实际构件相同，拆模后仍需保持同条件养护。

③ 采用标准养护的试件在温度为 20 ℃的环境中静置一定时间，测其强度。

(4) 实验步骤

① 试件从养护地点取出后应将试件表面与上下承压板面擦干净。

② 将试件安放在下压板或垫板上，试件的承压面应与成型时的顶面垂直。

③ 控制加载速率，取每秒钟 0.3～0.5MPa 直至试件破坏，并记录数据。

5.3.2 强度影响因素

粉煤灰基膏体充填材料由大掺量粉煤灰，少量水泥、砂子及石子、活化剂和自来水经拌和、成型、养护而成。因此，影响强度的因素有：粉煤灰、水泥、骨料（砂子及石子）、料浆质量分数、龄期、搅拌、养护及成型条件。

(1) 粉煤灰

充填材料中掺入了大量的蒲白矿矸石电厂粉煤灰。此类粉煤灰经理化性质研究，含碳量高，粒度大且由大量多孔玻璃体组成。粉煤灰的掺量必然对强度产生影响（这点已通过粉煤灰掺量对比实验证实）。

(2) 水泥

充填材料的强度主要取决于胶结料。水泥作为本实验的胶结料，不仅对充填材料进行凝结固化，还提供所需的充填体强度。因此，水泥的强度等级、种类、加量是影响抗压强度的关键。

(3) 骨料

在充填体中，砂石起骨架作用。实验中选用砂子为中砂（粒径小于5mm)，石子为 10～15mm 的碎石。骨料对充填体强度的影响见之后的抗压强度极差分析。

(4) 料浆质量分数

水泥的水化要在充水的毛细孔内发生，而充填体强度主要受其内部起胶结作用的“水泥石”质量的影响。“水泥石”的质量又取决于所用胶结料的种类和水灰比，料浆质量分数在某种意义上相当于水灰比。因此，料浆质量分数通过影响水泥的水化程度，进而影响充填材料的强度。

(5) 龄期

充填材料的强度随龄期的增加而增长。

(6) 搅拌、养护及成型条件

膏体充填材料的拌和工艺对材料的成型有影响，如图 5.9、图 5.10 所示。

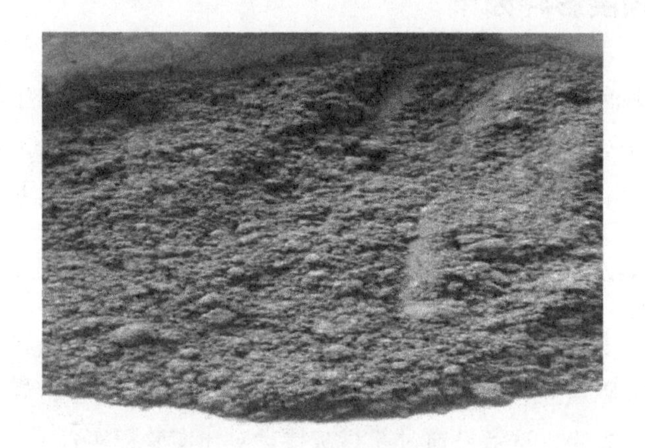

图 5.9 人工搅拌 20min

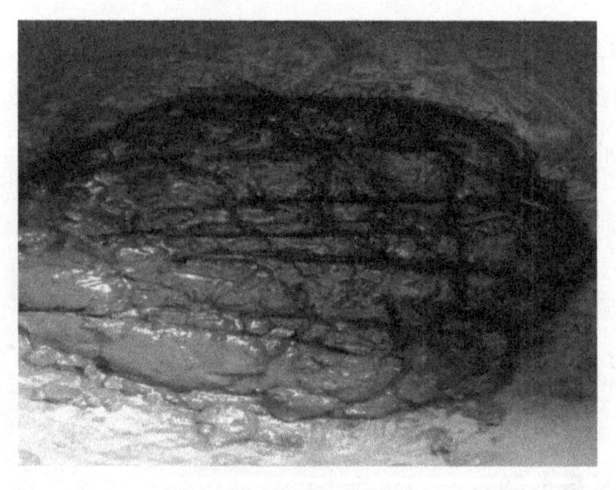

图 5.10 机械搅拌 20min

由图 5.9、图 5.10 可以看出，同一配方采用不同的拌和工艺差别很大，人工搅拌 20min 后材料无黏聚性、无流动性，而用搅拌机拌和 20min 后，黏聚性和流动性良好，这主要是由于矸石电厂粉煤灰的多孔结构所致。实验采用搅拌机拌和，高速搅拌20min。为了获得质量良好的充填材料，成型后必须进行适当的养护，以保证水泥水化过程的正常进行。养护过程需要控制的参数为温度和湿度。

水泥的水化要在充水的毛细孔内发生，因此在养护过程中必须采取措施防止水分自毛细管蒸发而失去。且水化过程中，大量自由水会被水化产物结合或吸附，因此要不断提供水分，以保证水泥水化正常进行。

实验采取自然养护，即脱模后用塑料膜覆盖其表面并适时洒水，洒水时间不少于14d。之后在空气中养护。

5.3.3 抗压强度实验结果及其形貌分析

(1) 矸石电厂粉煤灰膏体充填材料抗压强度

抗压强度实验结果见表5.10。

表5.10 膏体充填材料抗压强度

实验编号	抗压强度/MPa				
	8h	3d	28d	90d	180d
PB-1	0.193	0.968	10.252	10.931	11.688
PB-2	0.189	0.956	10.273	10.788	11.625
PB-3	0.198	1.067	10.285	10.894	11.213
PB-4	—	1.042	12.229	12.425	13.025
PB-5	—	0.923	10.092	11.031	11.306
PB-6	0.194	1.104	10.629	12.356	13.219
PB-7	—	0.877	10.327	11.594	12.431
PB-8	0.188	1.102	10.467	12.144	13.450
PB-9	0.185	0.960	9.681	10.638	11.819

由表5.10可以看出，正交实验各配方的3d、28d、90d和180d强度均能满足充填材料强度要求，且所有配方的28d抗压强度远远大于充填材料的28d抗压强度要求（不小于2MPa）；随着龄期的增加，抗压强度增长较为缓慢。第六组配方的3d抗压强度最大，第四组配方的28d抗压强度最大，单从抗压强度方面考虑，第四组配方较好，但其流动度小，流动性差，不能

满足膏体充填材料输送性能要求。第一、二、三、六、八、九组配方的8h抗压强度满足充填材料的要求，而第五组配方虽然8h不能脱模，但能够自稳，仍可用于充填。故除了第四组和第七组流动性不满足外，其余各正交配方均能满足膏体充填需求。

(2) 微观形貌分析

选取正交实验两组样品PB-3和PB-4进行微观形貌分析，图5.11、图5.12分别为样品28d时的SEM图，扫描电镜为捷克TESCAN公司的TS5136XM型；图5.13、图5.14为样品90d时的SEM图片，图5.15、图5.16为样品180d时的SEM图片，扫描电镜为JSM-6390A型。

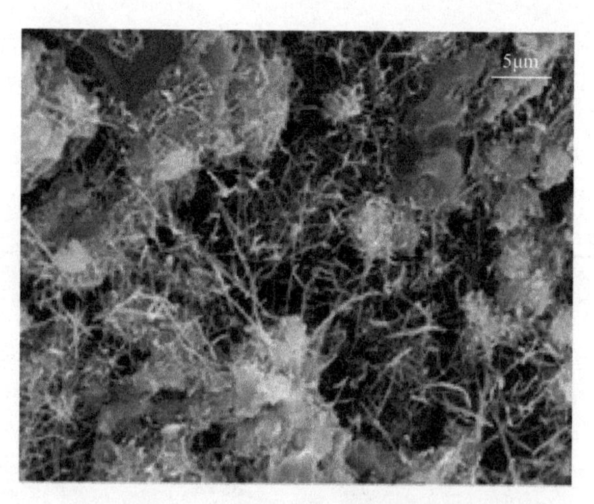

图5.11 PB-3样品28d SEM图

图5.12 PB-4样品28d SEM图

图 5.13 PB-3 样品 90d SEM 图

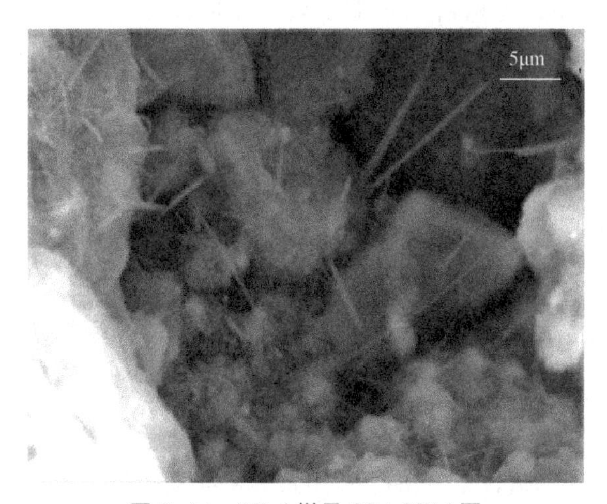

图 5.14 PB-4 样品 90d SEM 图

图 5.15 PB-3 样品 180d SEM 图

图 5.16　PB-4 样品 180d SEM 图

由图可以看出，虽然所用水泥量较少，但是经过养护，各龄期都生成了针状的水化硅酸钙 C-S-H 凝胶以及短棒状的钙矾石，它们相互交叉连接，填充空隙，使结构更加致密，形成了一定的黏结强度。从图可以看出，PB-3 的孔隙度明显大于 PB-4，使得 PB-3 样品的强度小于 PB-4 样品。

(3) 极差分析

极差分析是用来划分某一因素重要程度（关键、重要、一般、次要）的依据，某因素的极差最大，说明该因素的水平改变所引起实验结果的变化最大，是关键因素。对抗压强度作极差分析，见表 5.11。其中 K_1 代表各列中水平 1 对应的抗压强度的算术平均值，K_2 代表各列中水平 2 对应的抗压强度的算术平均值，K_3 代表各列中水平 3 对应的抗压强度的算术平均值。

表 5.11　充填材料抗压强度极差分析

因素	龄期	K_1	K_2	K_3	R
砂子比例	3d	0.997	1.023	0.980	0.043
	28d	10.270	10.983	10.158	0.825
	180d	11.509	12.517	12.567	1.058
胶结料加量	3d	0.962	0.994	1.044	0.082
	28d	10.936	10.277	10.198	0.738
	180d	12.381	12.127	12.084	0.297
粉煤灰加量	3d	1.058	0.986	0.956	0.102
	28d	10.449	10.728	10.235	0.493
	180d	12.786	12.156	11.65	1.136
质量分数	3d	0.950	0.979	1.070	0.120
	28d	10.008	10.410	10.994	0.986
	180d	11.604	12.425	12.563	0.959

根据表 5.11 中极差大小，顺次排出因素的主次顺序为：影响 3d 抗压强度的因素：料浆质量分数＞粉煤灰加量＞胶结料加量＞砂子占骨料比例；影响 28d 抗压强度的因素：料浆质量分数＞砂子占骨料比例＞胶结料加量＞粉煤灰加量；影响 180d 抗压强度因素：粉煤灰加量＞砂子占骨料比例＞料浆质量分数＞胶结料加量。

由表 5.11 可以看出，各因素对 3d、28d 和 180d 抗压强度的影响程度并不相同。影响充填材料 3d、28d 抗压强度的关键因素为料浆质量分数，料浆质量分数增大，抗压强度增大；180d 抗压强度的关键因素为粉煤灰加量，这表明粉煤灰对膏体材料后期强度影响较大。粉煤灰加量对 3d 强度影响显著，随粉煤灰加量的增大，强度降低，砂子占骨料比例对 3d 强度影响最小；砂子占骨料比例对 28d 强度影响显著，胶结料加量次之，粉煤灰加量对 28d 强度的影响最小；砂子占骨料比例对 180d 强度影响显著，质量分数次之，胶结料加量最小，这是由于粉煤灰替代了大量水泥，当龄期达到 180d 甚至更长时，水泥已基本水化完成。

本实验中 28d、180d 强度远大于膏体充填材料 28d 强度（不小于 2MPa）的要求，因此在选定最优配方时，主要选择早期强度高、流动性好的配比。结合流动度极差分析与抗压强度极差分析，可确定最优配方为：砂子加量占骨料比例 80%，水泥加量 140kg/m^3，粉煤灰加量 450kg/m^3，料浆质量分数 71%。这组配方与第六组（砂子加量占骨料比例 80%，水泥加量 140kg/m^3，粉煤灰加量 450kg/m^3，料浆质量分数 70.5%）较为接近，但料浆质量分数稍有变化（由 70.5%变为 71%），测得其流动度为 201mm，8h 抗压强度为 0.189MPa、3d 抗压强度 1.163MPa、28d 抗压强度 10.731MPa、90d 强度 12.378MPa、180d 强度 13.481MPa，流动性、保水性及黏聚性均较好。

5.4 膏体充填材料的效益分析

5.4.1 经济效益

煤矿“三下”膏体充填采用的材料一般包括胶结料、粉煤灰、骨料和水等。粉煤灰是燃烧煤或矸石所产生的固体废弃物，可以就近使用，水为矿井废水，这两种原料均不产生费用，骨料只考虑材料本身的费用，不考虑运输费。另外矸石电厂粉煤灰品质较差，需要加入一定量的低成本活化剂激发其活性，使其能代替部分水泥，降低成本。膏体充填材料实验中所用原材料的单价见表 5.12。

表 5.12　原材料单价表　　单位：元/t

材料	水	PC32.5 水泥	粉煤灰	砂子	石子	生石灰	二水石膏	硫酸钠（工业）
单价	0	300	0	35	50	150	150	120

采用实验得出的最优配方时，各种原料的用量见表 5.13 。

表 5.13　1m³ 膏体充填材料各原料含量　　单位：t

材料	水	PC32.5 水泥	粉煤灰	砂子	石子	生石灰	二水石膏	硫酸钠
含量	0.374	0.14	0.450	0.224	0.056	0.0225	0.0045	0.018

由表 5.12 和表 5.13 计算可知，本研究矸石电厂粉煤灰基膏体充填材料最优配方的价格为 58.85 元/m^3，1 立方米所含原料量为 1.289t，即可计算出充填材料成本为 45.66 元/t。经调查可知，岱庄煤矿膏体充填材料成本为 107 元/t，朱村煤矿膏体充填材料成本为 60.24 元/t，相比之下，本实验所得最优配方成本较低，而且实验中所用骨料还可以用煤矸石来代替，能使充填材料的成本更低。

5.4.2 社会效益

（1）我国的煤田上方有数量众多的村庄、城镇等建筑物，各矿区都存在压煤问题，采用膏体充填开采技术实现了沿空留巷无煤柱往复式开采，能安全采出村庄下压煤，提高采出率，延长矿井服务年限。

（2）保护地面建筑物、农田，实现和谐开采。膏体充填能有效控制地表沉陷和变形，减少了巷道掘进工程量和掘进费用，减少了工作面搬迁费用，使所保护的建筑物在Ⅰ级损害范围内，实现不迁村采煤，避免给农民生产生活带来不便，减轻煤矿企业负担。

（3）保护生态环境。矸石电厂粉煤灰品质较差，对燃煤电厂粉煤灰的利用途径不再适用于这种粉煤灰，因此都是作为固体废弃物向外排放，储存在储灰池中。例如黄陵煤矿矸石电厂粉煤灰，除少量用于做蒸养砖外，大部分都废弃到山里，这样不仅占用大量土地，而且会对大气、水体和土壤造成污染。将矸石电厂粉煤灰进行活化处理，应用于井下充填，不仅能使其得到资源化利用，节省了处理粉煤灰的费用，而且减少矿井水外排，解放被废弃物占压的土地，保护生态环境，有利于实现循环经济。

5.4.3 其他效益

许多矿山在工作面回采之后需要进行采空区防灭火工作，而工作面完成充填之后，采空区被充填体占据，不再需要进行瓦斯抽放及防灭火工作，这样一来又节省了采空区防灭火费用。膏体充填材料密度大，孔隙少，作为充填体能起到较好的堵漏效果；另外，粉煤灰也常被用来作为矿井防灭火材料，因此，以矸石电厂粉煤灰为主要原料的膏体充填材料还可以起到防火灭火的作用。

5.5 本章小结

本章以降低充填材料成本为目标，将活化后的矸石电厂粉煤灰应用于膏体充填材料中，研究了充填材料的输送性能、强度特性以及微观形貌，确定了满足采空区充填性能要求的、以矸石电厂粉煤灰为主料的充填材料配比，降低了充填成本，解决了粉煤灰占地和污染问题，对于实现循环经济具有重要意义。主要结论如下：

① 将活化后的矸石电厂粉煤灰代替部分水泥制备了成本低廉的膏体充填材料，灰胶比达到 5∶1，充填材料的输送性能和强度均满足煤矿充填要求。本研究为矸石电厂粉煤灰提供了一条新的利用途径，既能保护环境、减少粉煤灰占地面积，又能降低成本，有利于煤矿企业实现循环经济。

② 以活化的矸石电厂粉煤灰、水泥、砂子、水为原料制备的膏体充填材料，得出最优配比为：砂子占骨料比例 80%，胶结料加量 $140kg/m^3$，粉煤灰加量 $450kg/m^3$，料浆质量分数 71%。料浆初始坍落度为 100mm，符合泵送要求，黏聚性和保水性好，静置泌水率 3%；脱模后的试件 8h 能够

自稳，强度达到 0.18MPa 以上，3d 和 28d 强度为 1MPa 和 10MPa 左右，90d 的强度为 12MPa，180d 强度较高，达到 13MPa 左右，充填材料的输送性能和抗压强度满足采空区充填要求。该配比充填材料成本为 58.85 元/m^3，如果骨料用煤矸石来代替，能使充填材料的成本更低，经济效益、社会效益和环境效益显著。

③ 膏体充填技术是绿色开采技术的重要组成部分，是解决煤矿开采地表沉陷问题的理想途径，是解决建筑物下大量压煤开采问题的重要手段。将矸石电厂粉煤灰应用于膏体充填中，还有大量问题需要解决：

a. 在进行膏体充填材料实验时，使用过减水剂和速凝剂调整料浆的流动性和凝结时间，但是效果并不理想。矸石电厂粉煤灰含多孔碳粒，需水量大，虽然料浆流动性能满足泵送要求，但是随着粉煤灰量的增加，使其流动性变小，无法进行自流输送；料浆的初凝时间长，有利于长距离输送，但不利于需要快速充填的采空区，因此还应该对外加剂进行大量实验，使配制好的料浆在进行充填时输送性能达到可调。

b. 膏体充填材料应用于井下充填，充填体长期处于承载状态，为了保证充填体的长期稳定性，需要进一步研究充填体长期承载条件下的力学特性，包括蠕变特性。

c. 需要进行充填体稳定性研究，主要指其耐酸、碱、盐侵蚀性能；固体废弃物如矸石电厂粉煤灰应用于充填材料中，充填体是否会对地下水环境造成影响，也需要进行考虑。

参考文献

[1] 黄庆享，张文忠. 浅埋煤层条带充填保水开采岩层控制 [M]. 北京：科学出版社，2014.

[2] 史锐利. 充填开采下材料配比方案的选择及工艺研究 [J]. 山西化工，2019 (5)：68-70.

[3] 林宗寿. 无机非金属材料工学 [M]. 5 版. 武汉：武汉理工大学出版社，2019.

[4] 孔凯，李超，蒲志强，等. 矿山尾砂膏体充填材料物化特性试验研究 [C]. 中国煤炭学会会议论文集，2015.

6 研石电厂粉煤灰提铝技术研究

6.1 概述

粉煤灰的化学成分主要是二氧化硅、氧化铝、氧化铁，有一小部分氧化镁、氧化钙、二氧化钛等。普通粉煤灰中氧化铝的平均含量为25%～28%[1]。国外粉煤灰也基本类似，日本粉煤灰三氧化二铝平均含量为25.86%，英国为26.99%，德国为24.93%，而美国的则相对较低，为20.81%，只有波兰高达32.39%[2]。其中三氧化二铝含量较高的粉煤灰被称为高铝粉煤灰，具有很高的开发利用价值。基于数据和目前的技术水平，在粉煤灰中氧化铝含量大于30%，可作为高铝粉煤灰。

中国内蒙古地区拥有特殊的地质条件，有很多的勃姆石、高岭石等丰富的矿产，导致富铝煤炭资源的形成，这种煤炭在燃烧发电后产生的粉煤灰中氧化铝的含量接近50%[3]，相当于我国中级品位铝土矿中氧化铝的含量，是一种我国特有的并极其宝贵的具有很高开发利用价值的铝矿物资源。内蒙古自治区富铝煤炭资源已近1亿吨被开采，主要用来作为火力发电的燃料。其中高铝粉煤灰的年产量为3000万吨，这些高铝粉煤灰中氧化铝含量达1200万吨左右。高铝煤炭发电后产生的高铝粉煤灰，除有少量用于制砖、铺路或作为水泥原料外，其余均被堆放弃置，不仅占用土地、污染环境，氧化铝无法回收利用，也浪费了宝贵的资源。

不仅在内蒙古地区，山西朔州的电厂粉煤灰中氧化铝含量也非常高。山西朔州在我国有“煤都”之称，丰富的煤炭资源也使它成为我国供电主要城市之一，每年都会在电力紧张的时候为北京等地甚至全国贡献电力。

截至2016年，朔州的储煤量约为423亿吨，粉煤灰的储存量高达1亿吨以上，仅神头三大电厂的储灰库就堆置了近1.2亿吨[4]。就是这个对当地环境污染极其严重的粉煤灰中的铝含量非常高，氧化铝的比例在40%以上，高于高岭土中的氧化铝含量。在朔州原平南部，也含有大量铝土矿，并且煤炭资源中的氧化铝含量也在40%以上。

目前，我国高铝粉煤灰年排放量约2500万吨，主要还是集中在内蒙古地区及山西地区。其中，山西北部年排放量为520万吨，主要堆存在朔州地区；内蒙古中西部地区约1180万吨，集中堆存在呼和浩特市、鄂尔多斯市。这些高铝粉煤灰资源由于地区的特殊性堆存比较集中，而且排放量大，这些有利条件为规模化生产氧化铝提供了稳定可靠的资源保障。

2013年国家发展和改革委员会等10部门在新发布的《粉煤灰综合利用管理办法》中也从五个方面明确提出了对粉煤灰的鼓励支持政策[5]。鼓励对粉煤灰进行高附加值的综合利用，并且对粉煤灰的处理办法包括排放标准等也做了明确指示，支持发展高铝粉煤灰提取氧化铝项目以及其他产品的研发。鼓励利用粉煤灰作为水泥外加剂、混凝土外加剂、道路铺建、建筑材料和包装材料等。因此，在国家政策的扶持下，更应该加快综合利用高铝粉煤灰资源的脚步，实现发展循环经济以及增强铝产业可持续发展能力的战略目标。

目前我国并没有合理科学地开发利用这些富铝煤炭资源，依旧采取堆积方式处理大部分高铝粉煤灰，造成了矿产资源的浪费，对环境造成严重污染。近几年，国家也非常重视粉煤灰带来的环境问题，本着可持续发展的原则，对粉煤灰综合利用的政策也不断完善。但因旧灰堆置量大，新灰利用率仍旧很低，仅为40%左右，每年仍然有近2亿吨的新灰被继续堆积起来。因此，发展循环经济的根本就是对固体废弃物二次利用，并且以节能环保为目的尽可能地减少废弃物的排放，以及严格控制废弃物的排放标准。

利用高铝粉煤灰提取氧化铝、二氧化硅等制备高附加值产品的同时，解决固体废弃物大量堆置污染环境的问题，是目前研究的热点。常见的高铝粉煤灰中提取铝、硅的方法有石灰石烧结法、纯碱煅烧法、酸浸法等。本章以山西朔州的矸石电厂粉煤灰为对象，研究了纯碱煅烧法中粉煤灰煅烧参数、铝浸出参数及浸取反应动力学，为寻找最佳工艺提供理论依据。

6.2 高铝粉煤灰的理化性能

本研究针对山西朔州矸石电厂的高铝粉煤灰，采用化学分析、激光粒度分析、X射线衍射分析、扫描电子显微镜等测试手段，研究了粉煤灰的理化特征，掌握高铝粉煤灰的化学组成、物相组成以及粒度分布，为高铝粉煤灰的进一步深入研究提供基础。

6.2.1 实验

以山西朔州矸石电厂的湿排粉煤灰为研究对象，对粉煤灰进行理化性能分析。

① 采用化学分析法分析粉煤灰的化学组成。

② 采用珠海欧美克 LS-popⅢ激光粒度仪测试粉煤灰粒度及粒度分布。

③ 采用日本理学的 D/max-2400 全自动 X 射线粉末衍射仪分析粉煤灰的物相组成，工作条件为 Cu 靶 Ka 辐射，42kV，100mA。

④ 采用 Philip 的 Quanta200 环境扫描电镜进行能谱分析。

⑤ 采用上海精密科学仪器有限公司生产的 ZRY-2P 型综合热分析仪，测试粉煤灰热效应变化。

6.2.2 化学组成

粉煤灰的化学组成在很大程度上取决于其燃料的无机物组成和燃烧条件，且化学组成是工程应用部门用来评定粉煤灰品质和分级的依据。如粉煤灰的分类与 CaO 有关，烧失量与粉煤灰等级有关。表 6.1 是对山西朔州粉煤灰的化学成分分析，图 6.1 是其能谱（EDS）图。

从表 6.1 的化学成分分析与 EDS 图谱可以看出，山西朔州燃煤电厂粉煤灰中主要成分是 SiO_2 和 Al_2O_3，占粉煤灰总量的 83.14%，属于 Al_2O_3-SiO_2 体系。氧化硅、氧化铝和氧化铁的总含量为 88.31%，大于 70%，氧化钙含量为 4.42%，属于低钙灰。Al_2O_3 的含量为 37.07%，属于高铝粉煤灰。此外，在该粉煤灰中除了有 SiO_2 和 Al_2O_3 之外，还存在其他少量的成分，如 Fe_2O_3、CaO、SO_3、Na_2O、K_2O、MgO 和一些未燃尽的物质（LOI）。

表 6.1 山西朔州粉煤灰的化学成分分析

成分	SiO_2	CaO	Al_2O_3	Fe_2O_3	MgO	SO_3	K_2O	Na_2O	TiO_2	LOI
含量/%	46.07	4.42	37.07	5.17	0.46	1.44	0.68	0.15	1.97	1.67

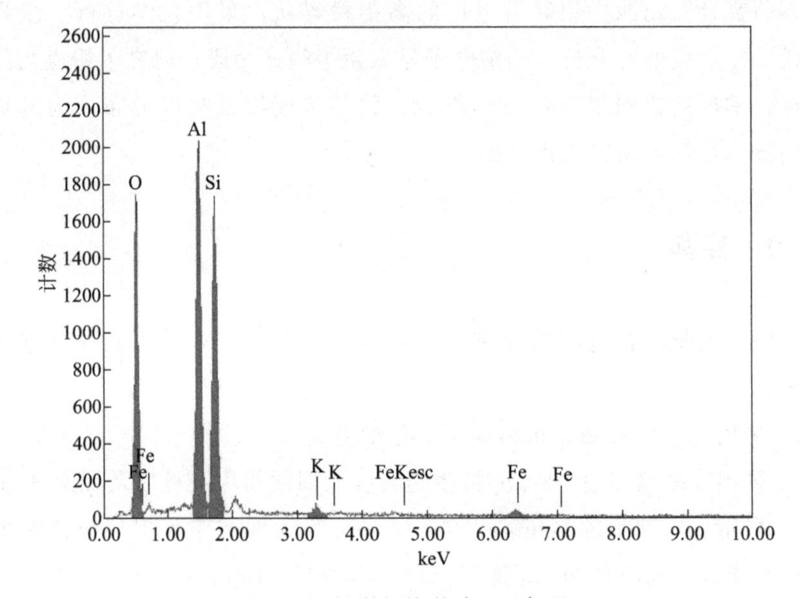

图 6.1 粉煤灰能谱（EDS）图

6.2.3 物相分析

为了解燃煤电厂粉煤灰的物相组成，采用西安近现代化学研究所的日本理学 D/max-2400 全自动 X 射线粉末衍射仪分析粉煤灰的物相组成，扫描速度 10°/min，扫描范围 5°～90°，如图 6.2 所示。

从图中可以看出，在 10°～40°衍射角之间出现了比较宽大的丘状特征衍射峰，说明粉煤灰中含有大量非晶态物质，晶体相物质基本都是莫来石相。在 XRD 图谱中没有检测到石英相，可能是由于大部分 SiO_2 存在于玻璃相中。在图谱中也没有检测到钙、铁、钛等物质，这可能是由于该粉煤灰样品中莫来石含量过高，衍射峰过强，掩盖了其他低含量矿物的衍射峰，另一方面可能是由于一些钙、铁、钛的矿物（比如赤铁矿、磁铁矿和钙钛矿）的衍射峰与莫来石衍射峰重合，没有显示出来。所以并不表明该粉煤灰样

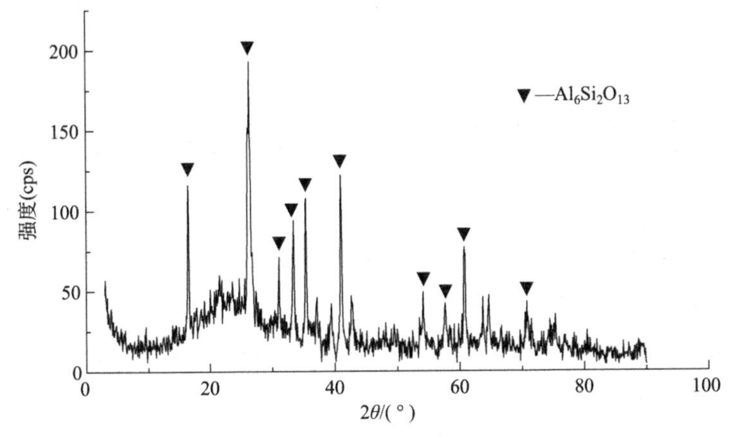

图 6.2 燃煤电厂高铝粉煤灰 XRD 分析图谱

品中不存在少量钙、铁、钛等矿物。

该粉煤灰晶体矿物只有莫来石，由此可以推断出其中有相当数量的铝存在于莫来石中。因此，要从中提取氧化铝，必须对粉煤灰进行激活，使铝从中释放出来。可以通过对粉煤灰热处理来破坏莫来石的稳定结构以及释放玻璃体中的氧化铝，使其生成可溶于酸或碱的物质，进而浸出铝。

6.2.4 颗粒组成

图 6.3 为高铝粉煤灰的粒度分析图。从图中可以看出颗粒组成中粒径在 10～50μm 之间居多，在 20μm 左右颗粒较为集中，且粉煤灰的粒径越小，玻璃体的含量越高，粉煤灰的活性就越大[6]。

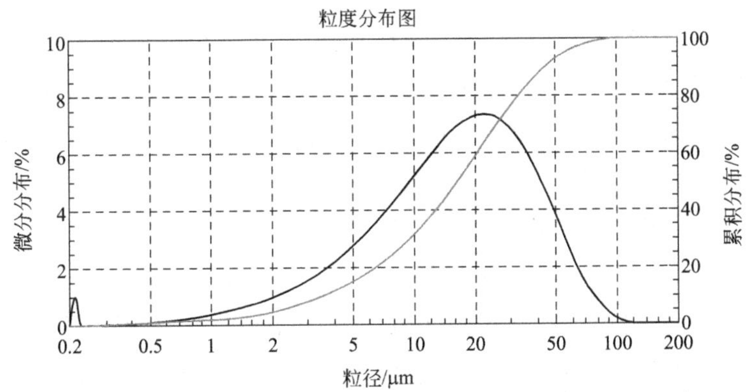

图 6.3 朔州高铝粉煤灰激光粒度分析

6.3 高铝粉煤灰热处理过程的热力学分析

本节通过分析石灰煅烧法和纯碱煅烧法热处理过程的热力学行为，为寻找最佳提铝工艺提供理论依据。

粉煤灰热处理目的是为了提高其活性，也就是说，在高温环境下矿物质微观结构中微粒发生强烈运动，致使铝氧八面体和硅氧四面体没有条件形成结构复杂的链状，阻止了粉煤灰中稳定物相的组成，产生大量的自由端断裂，形成了活性较高的且容易被破坏的玻璃相结构，这种玻璃相结构性质不稳定，更加利于粉煤灰中有用物质的溶出。热处理的过程实质上是改变了粉煤灰矿物的物质组成和微粒结构，增强活性，使其中的氧化铝、氧化硅转化为易溶于酸或碱的硅酸盐、铝酸盐等物质，再进一步将其中的铝、硅等有用物质溶出，制备白炭黑、氧化铝、沸石等。

6.3.1 粉煤灰与氧化钙煅烧体系

(1) CaO-Al_2O_3-SiO_2 三元系统相图分析

热力学是用来研究物质变化过程中能量转换的，它能够预测物质状态改变的趋势和平衡。相图是以一种几何的方式来表达物质间相互反应的平衡关系，相图数据和热力学数据在热力学上是基本一致的，相图和体系中的热力学性质有着密切的关系。CaO-Al_2O_3-SiO_2 三元系统相图如图 6.4[7] 所示。

在 CaO-Al_2O_3-SiO_2 三元体系中，石灰石烧结法主要涉及的几种矿物为钙铝黄长石（$2CaO \cdot Al_2O_3 \cdot SiO_2$）、正硅酸钙（$2CaO \cdot SiO_2$）、铝酸一钙（$CaO \cdot Al_2O_3$）、七铝十二钙（$12CaO \cdot 7Al_2O_3$）以及铝酸三钙（$3CaO \cdot Al_2O_3$），这些化合物的熔点见表 6.2。

研究已经证明，在该三元系所有含铝矿物中，七铝十二钙（$12CaO \cdot 7Al_2O_3$）比较容易溶解在碳酸钠溶液中，铝酸一钙（$CaO \cdot Al_2O_3$）在碳酸钠溶液中也有一定的溶解性，$3CaO \cdot Al_2O_3$ 次之。而钙铝黄长石（$2CaO \cdot Al_2O_3 \cdot SiO_2$）等矿物则难溶于碳酸钠溶液中。在 SiO_2 的化合物中，γ-$2CaO \cdot SiO_2$ 最难溶于碳酸钠溶液，而 $2CaO \cdot SiO_2$ 随温度的变化要发生多

晶转变即高温型 α、中温型 α′、介稳型（单变型）β 及低温型 γ-$2CaO \cdot SiO_2$，这几种晶型在碳酸钠溶液中化学活性最强的为 α′，β 次之，γ 最差，因此 γ-$2CaO \cdot SiO_2$ 是我们所希望得到的物质。见下式[8]。

$$\gamma\text{-}2CaO \cdot SiO_2 \xrightleftharpoons{675℃} \beta\text{-}2CaO \cdot SiO_2 \xrightleftharpoons{1420℃} \alpha\text{-}2CaO \cdot SiO_2 \xrightleftharpoons{2130℃} \text{熔体}$$

表 6.2　化合物熔点表

化合物	熔点/℃	化合物	熔点/℃
$CaO \cdot SiO_2$	1544	$CaO \cdot Al_2O_3$	1600
$2CaO \cdot SiO_2$	2130	$12CaO \cdot 7Al_2O_3$	1455
$3CaO \cdot 2SiO_2$	1464℃分解	$3CaO \cdot Al_2O_3$	1535℃分解
$2CaO \cdot Al_2O_3 \cdot SiO_2$	1593	$3CaO \cdot 5Al_2O_3$	1720
$CaO \cdot Al_2O_3 \cdot 2SiO_2$	1553	$3CaO \cdot 2Al_2O_3$	1850

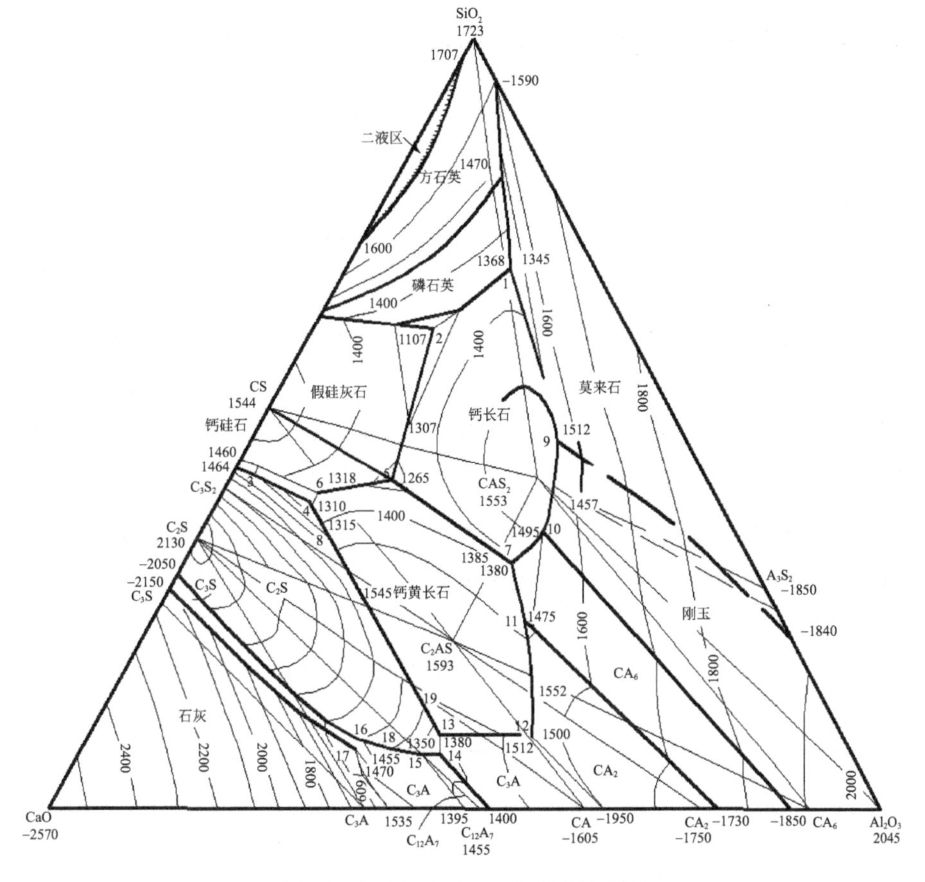

图 6.4　CaO-Al_2O_3-SiO_2 三元系相图

当熟料冷却到675℃以下，β-$2CaO \cdot SiO_2$ 迅速转变成 γ-$2CaO \cdot SiO_2$，其体积膨胀约12%，所以使熟料比重降低，致使晶体变为细粉，使熟料产生自粉化，从而使石灰石烧结工艺具有更好的经济性。由 CaO-Al_2O_3-SiO_2 三元体系相图6.4可知，配料点应落在 $2CaO \cdot SiO_2$、$12CaO \cdot 7Al_2O_3$、$CaO \cdot Al_2O_3$ 三角形范围内。在采用石灰煅烧法生产氧化铝的过程中，希望 SiO_2 完全转化为 γ-$2CaO \cdot SiO_2$，Al_2O_3 转化为 $12CaO \cdot 7Al_2O_3$ 和 $CaO \cdot Al_2O_3$。因此，在石灰煅烧法生产氧化铝过程中，熟料中理论最佳的物相组成为 $12CaO \cdot 7Al_2O_3$ 和 γ-$2CaO \cdot SiO_2$，并允许含有少量的钙铝黄长石 $2CaO \cdot Al_2O_3 \cdot SiO_2$、$CaO \cdot Al_2O_3$ 和 $3CaO \cdot Al_2O_3$。

(2) 烧结反应热力学计算与分析

粉煤灰和氧化钙的煅烧体系可简化为 CaO-Al_2O_3-SiO_2 三元系，煅烧过程主要是 CaO、Al_2O_3、SiO_2 之间发生交互反应，在 CaO-SiO_2 体系中存在的化合物是 $CaO \cdot SiO_2$、$3CaO \cdot 2SiO_2$、$2CaO \cdot SiO_2$、$3CaO \cdot SiO_2$，反应方程式为：

$$SiO_2 + CaO = CaO \cdot SiO_2 \tag{6.1}$$

$$SiO_2 + 3/2CaO = 1/2(3CaO \cdot 2SiO_2) \tag{6.2}$$

$$SiO_2 + 2CaO = 2CaO \cdot SiO_2 \tag{6.3}$$

$$SiO_2 + 3CaO = 3CaO \cdot SiO_2 \tag{6.4}$$

由《无机物热力学数据手册》查出反应各物质在不同温度下的吉布斯自由能函数 φ'_T，按照公式 $\Delta G_T^\theta = \Delta H_{298}^\theta - T\Delta\varphi'_T$ 计算出以1mol的 SiO_2 为基准的反应式（6.1）～式(6.4) 在相应温度下的反应标准吉布斯自由能变化[9]。

表6.3为 CaO-SiO_2 体系中生成物反应的热力学数据。图6.5为 CaO-SiO_2 体系中化学反应的 ΔG_T 随温度变化趋势。

表6.3 CaO-SiO_2 体系中生成物反应的热力学数据 ΔG_T

单位：kJ/mol

温度/K	$CaO \cdot SiO_2$	$3CaO \cdot 2SiO_2$	$2CaO \cdot SiO_2$	$3CaO \cdot SiO_2$
298	−89.356	−109.035	−128.862	−115.326
700	−89.522	−110.511	−131.164	−118.731

续表

温度/K	$CaO \cdot SiO_2$	$3CaO \cdot 2SiO_2$	$2CaO \cdot SiO_2$	$3CaO \cdot SiO_2$
800	−89.474	−110.783	−131.639	−119.677
900	−89.318	−110.966	−132.043	−120.606
1000	−89.111	−111.125	−132.506	−121.584
1100	−88.938	−111.35	−133.176	−122.678
1200	−88.772	−111.624	−133.906	−123.888
1300	−88.624	−111.96	−134.716	−125.216
1400	−88.493	−112.361	−135.62	−126.664
1500	−88.519	−112.834	−136.63	−128.232
1600	−88.802	−113.383	−137.758	−129.926

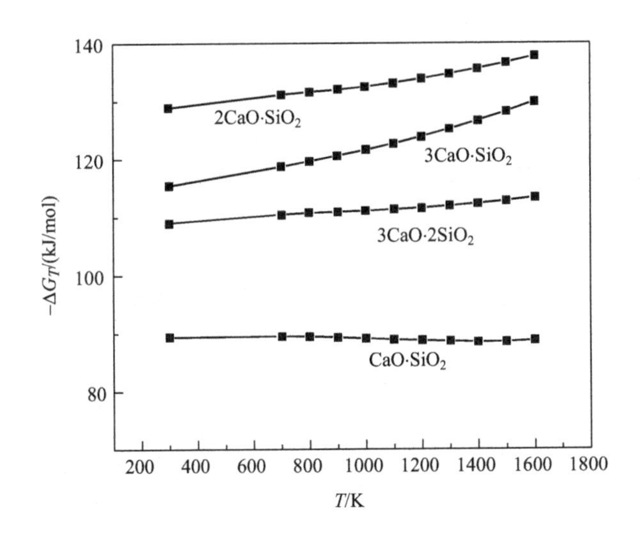

图 6.5 $CaO\text{-}SiO_2$ 体系中化学反应的 ΔG_T 随温度变化趋势

由表 6.3 及图 6.5 可以看出：

① 在 $CaO\text{-}SiO_2$ 体系中，在 298～1600K 的温度范围内，式（6.1）～式（6.4）的标准吉布斯自由能变化均为负值，说明从热力学上分析，上述反应都可发生。

② CaO 和 SiO_2 发生反应产生 $2CaO \cdot SiO_2$ 的吉布斯自由能变化 ΔG^{θ}

最小，并且随着温度的升高 ΔG^{θ} 值小，说明 $2CaO \cdot SiO_2$ 是上述反应中最容易生成的并且是最稳定的。

在 $CaO\text{-}Al_2O_3$ 体系中存在的化合物是 $3CaO \cdot Al_2O_3$、$12CaO \cdot 7Al_2O_3$、$CaO \cdot Al_2O_3$ 和 $CaO \cdot 2Al_2O_3$。这些氧化物可能发生的化学反应有：

$$Al_2O_3 + 3CaO = 3CaO \cdot Al_2O_3 \tag{6.5}$$

$$Al_2O_3 + 12/7CaO = 1/7(12CaO \cdot 7Al_2O_3) \tag{6.6}$$

$$Al_2O_3 + CaO = CaO \cdot Al_2O_3 \tag{6.7}$$

$$Al_2O_3 + 1/2CaO = 1/2(CaO \cdot 2Al_2O_3) \tag{6.8}$$

以 1mol 的 Al_2O_3 为基准的反应式（6.5）～式（6.8）的热力学数据见下表 6.4，图 6.6 为各个反应的 $\Delta G^{\ominus}$ 随温度的变化趋势。从表 6.4 及图 6.6 中可看出：

① 在 $CaO\text{-}Al_2O_3$ 体系中，在 298～1600K 的温度范围内，式（6.5）～式（6.8）的标准吉布斯自由能变化均为负值，说明从热力学上分析，上述反应在此温度范围内都可发生。

② 在上述反应中，吉布斯自由能都随着温度的升高而负值增大，说明升高温度对式（6.5）～式（6.8）反应均有利，并且式（6.6）生成的 $12CaO \cdot 7Al_2O_3$ 与式（6.5）生成的 $3CaO \cdot Al_2O_3$ 反应的 $\Delta G^{\ominus}$ 值变化幅度最大，说明升高温度对这两种物质的生成非常有利。

表 6.4 $CaO\text{-}Al_2O_3$ 体系中生成物反应的热力学数据 ΔG_T

单位：kJ/mol

温度/K	$3CaO \cdot Al_2O_3$	$12CaO \cdot 7Al_2O_3$	$CaO \cdot Al_2O_3$	$CaO \cdot 2Al_2O_3$
298	−17.201	−14.07	−20.341	−9.996
700	−30.399	−26.00	−29.033	−16.748
800	−33.396	−28.85	−30.973	−18.243
900	−36.289	−31.66	−32.827	−19.662
1000	−39.095	−34.46	−34.610	−21.018
1100	−41.809	−37.24	−36.317	−22.309
1200	−44.465	−40.05	−37.977	−23.558
1300	−47.063	−42.88	−39.592	−24.770

续表

温度/K	$3CaO \cdot Al_2O_3$	$12CaO \cdot 7Al_2O_3$	$CaO \cdot Al_2O_3$	$CaO \cdot 2Al_2O_3$
1400	−49.612	−45.76	−41.169	−25.950
1500	−52.121	−48.68	−42.720	−27.110
1600	−54.597	−51.67	−44.245	−28.251

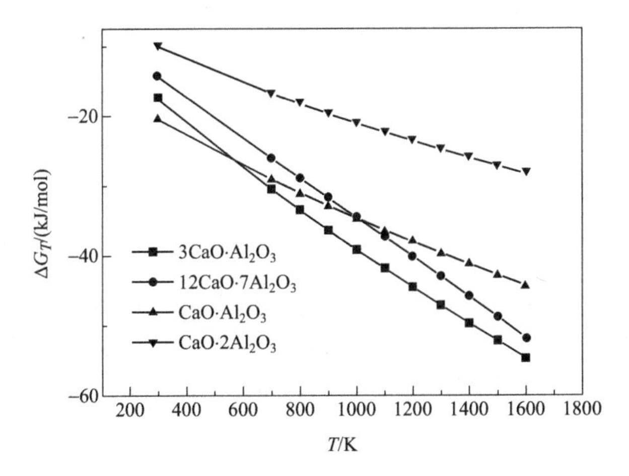

图 6.6 $CaO-Al_2O_3$ 体系中化学反应的 ΔG_T 随温度变化趋势

粉煤灰的主要物相为莫来石（$3Al_2O_3 \cdot 2SiO_2$）和玻璃相，查阅文献，莫来石和氧化钙发生的总体反应主要是：

$$7(3Al_2O_3 \cdot 2SiO_2) + 64CaO = 3(12CaO \cdot 7Al_2O_3) + 14(2CaO \cdot SiO_2) \tag{6.9}$$

在 $CaO-Al_2O_3-SiO_2$ 系统中，主要发生的化学反应为：

$$Al_2O_3 + SiO_2 + 2CaO = 2CaO \cdot Al_2O_3 \cdot SiO_2 \tag{6.10}$$

$$Al_2O_3 + 2SiO_2 + CaO = CaO \cdot Al_2O_3 \cdot 2SiO_2 \tag{6.11}$$

加入 1mol 的 $3Al_2O_3 \cdot 2SiO_2$ 和 1mol Al_2O_3 与氧化钙反应，化学反应的 ΔG_T 值随温度的变化关系如图 6.7。

由图 6.7 可以看出，上述的三个反应在 700～1600K 的温度范围内都可能发生。并且式（6.9）的反应吉布斯自由能的负值最大，并且随着温度的升高此反应的吉布斯自由能 ΔG_T 的负值持续增大，说明式（6.9）生成的 $12CaO \cdot 7Al_2O_3$ 是这几种反应中最容易生成并最稳定的化合物，其次是式（6.10）生成的 $2CaO \cdot Al_2O_3 \cdot SiO_2$，即难溶物钙铝黄长石，它是黄长石系列中的一种钙铝硅酸盐矿物，呈玻璃状晶体，为主要的造岩矿物，可作为

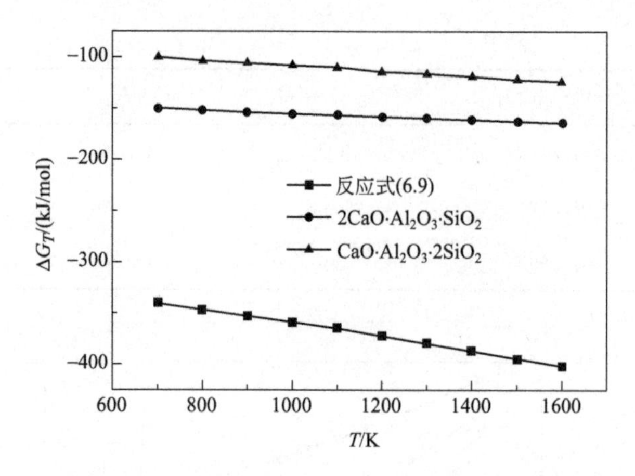

图 6.7 化学反应式 (6.9) ~ 式 (6.11) 的反应 ΔG_T 随温度变化趋势

制备陶瓷和玻璃制品的原料。由式（6.9）和式（6.3）得到的 $2CaO \cdot SiO_2$ 也是煅烧过程中比较容易得到的物质。说明粉煤灰与氧化钙在 700～1600K 的温度范围内煅烧可能生成多种钙铝化合物和钙硅化合物，但温度对生成 $12CaO \cdot 7Al_2O_3$、$2CaO \cdot Al_2O_3 \cdot SiO_2$ 和 $2CaO \cdot SiO_2$ 的影响最为明显，同时升高温度对三者的产生尤其有利。

（3）粉煤灰-氧化钙煅烧实验

将实验所用的山西朔州电厂粉煤灰与氧化钙按 1∶1.6 的比例均匀混合，升温到 1200℃，保温 2h。对煅烧产物进行 X 射线衍射分析，采用日本理学的 D/max-2400 全自动 X 射线粉末衍射仪分析粉煤灰的物相组成，工作条件为 Cu 靶 Ka 辐射，42kV，100mA。结果如图 6.8 所示。

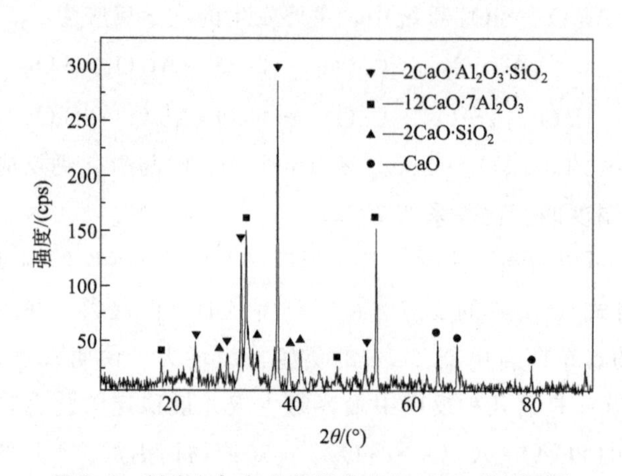

图 6.8 粉煤灰与氧化钙煅烧产物 XRD 分析图谱

由图 6.8 可以看出，通过煅烧，粉煤灰中的钙和铝主要与氧化钙生成 $12CaO \cdot 7Al_2O_3$、$2CaO \cdot Al_2O_3 \cdot SiO_2$ 以及 $2CaO \cdot SiO_2$，实验得到结果与热力学分析以及相图分析结果基本吻合。

6.3.2 粉煤灰与碳酸钠煅烧体系

(1) Na_2O-Al_2O_3-SiO_2 三元体系相图分析

图 6.9 为 Na_2O-Al_2O_3-SiO_2 三元体系相图[10]。当向粉煤灰中加入碳酸钠在高温煅烧时，Na_2CO_3 与 Al_2O_3 只能得到一种化合物——铝酸钠（$Na_2O \cdot Al_2O_3$），过量的 Na_2CO_3 会在温度超过 1000℃时挥发掉。当煅烧温度升高到 750℃时，开始得到霞石，随着温度升高，霞石会发生分解生成长石类的铝硅酸盐（$Na_2O \cdot Al_2O_3 \cdot 6SiO_2$）。$Na_2CO_3$ 与 SiO_2 在中温煅烧时生成 Na_2SiO_3。

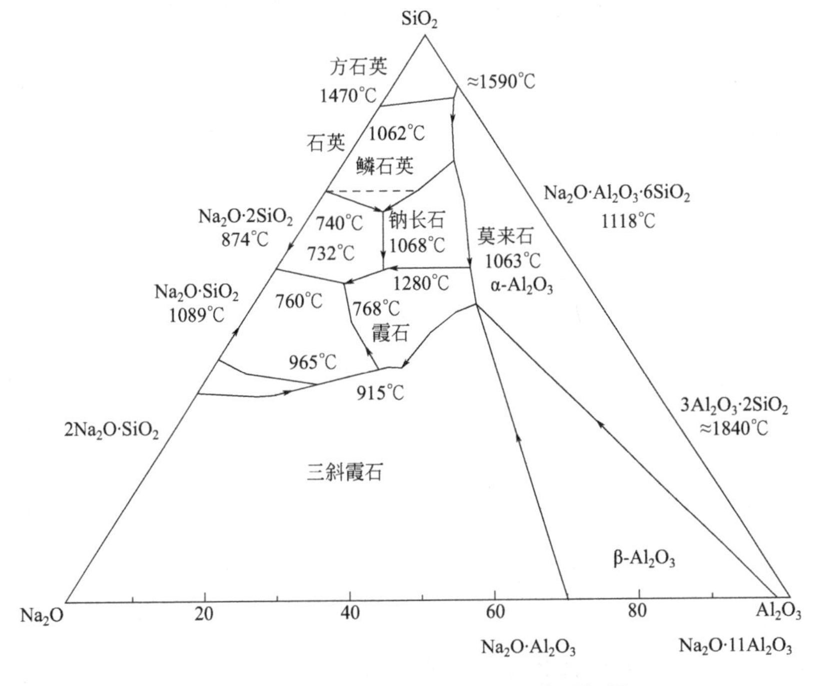

图 6.9 Na_2O-Al_2O_3-SiO_2 三元体系相图

（2）烧结反应热力学计算与分析

粉煤灰和碳酸钠的煅烧过程主要是 Na_2CO_3、SiO_2 和 Al_2O_3 三者之间发生的交互反应。可能发生的化学反应如下：

$$3Al_2O_3 \cdot 2SiO_2 + 3Na_2CO_3 + 4SiO_2 = 6NaAlSiO_4 + 3CO_2(g) \tag{6.12}$$

$$Al_2O_3 + 2SiO_2 + Na_2CO_3 = 2NaAlSiO_4 + CO_2(g) \tag{6.13}$$

$$SiO_2 + Na_2CO_3 = Na_2SiO_3 + CO_2(g) \tag{6.14}$$

$$Al_2O_3 + Na_2CO_3 = 2NaAlO_2 + CO_2(g) \tag{6.15}$$

$$Fe_3O_4 + 1.5Na_2CO_3 + 0.25O_2 = 1.5Na_2Fe_2O_4 + 1.5CO_2(g) \tag{6.16}$$

由《无机物热力学数据手册》查出反应各物质在不同温度下的吉布斯自由能函数 φ'_T，按照公式 $\Delta G_T^{\theta} = \Delta H_{298}^{\theta} - T\Delta\varphi'_T$ 计算出以 1mol 的粉煤灰为基准的反应式（6.12）～式（6.16）在相应温度下的反应标准吉布斯自由能变化。表 6.5 为粉煤灰-碳酸钠体系中生成物反应的热力学数据。图 6.10 为粉煤灰-碳酸钠体系中化学反应的 ΔG_T 随温度变化趋势。

表 6.5　粉煤灰-碳酸钠体系中生成物反应的热力学数据 ΔG_T

单位：kJ/mol

温度/K	式（6.12）	式（6.13）	式（6.14）	式（6.15）	式（6.16）
600	−162.5	−49.0	−0.725	47.6	76.3
700	−203.8	−64.3	−14.29	33.8	51.1
800	−253.6	−78.7	−27.22	20.6	32.7
900	−293.7	−92.9	−39.84	6.8	12.5
1000	−332.4	−106.6	−52.19	−5.0	−10.8
1100	−375.2	−119.7	−64.27	−16.8	−30.2
1200	−401.1	−130.3	−74.0	−26.3	−47.4

由表 6.5 和图 6.10 可以看出，在粉煤灰-碳酸钠体系中，在 600～1200K 温度范围内，式（6.12）～式（6.16）的标准吉布斯自由能都随着温度升高而变负，在 1000K 以上均为负值，说明从热力学角度分析，上述反应均可发生。吉布斯自由能最小的为反应式（6.12）和反应式（6.13），并且随着温度升高 ΔG_T 减小，说明 $NaAlSiO_4$ 是以上反应中最容易生成的并且是最稳定的；其次是反应式（6.14），生成 Na_2SiO_3。

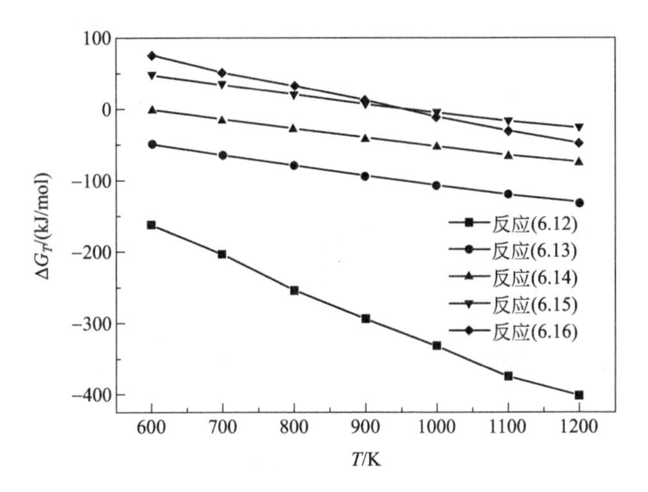

图 6.10 粉煤灰-碳酸钠体系中化学反应的 ΔG_T 随温度变化趋势

(3) 粉煤灰纯碱煅烧实验

为了验证热力学计算结果，对山西朔州燃煤电厂粉煤灰与碳酸钠进行了煅烧实验。将粉煤灰与碳酸钠按理论反应质量配比 1∶0.85 混合，在 850～880℃下保温 1h。对煅烧产物进行 X 射线衍射分析并与粉煤灰原料的 XRD 图比较，结果如下图 6.11。

由图 6.11 可知，采用碳酸钠为助剂在中温下煅烧粉煤灰，能够快速分解其中的莫来石和铝硅酸盐玻璃体。图 6.11（b）的 XRD 图中没有 $NaAlO_2$ 和 Na_2SiO_3 的峰值，主要物相为 $NaAlSiO_4$，可以推断 $NaAlO_2$ 是和玻璃相中的 SiO_2 发生反应产生 $NaAlSiO_4$，反应式（6.13）必先优于反应式（6.14）发生，即体系中如果有 $NaAlO_2$，则 SiO_2 优先与 $NaAlO_2$ 生成 $NaAlSiO_4$，只有当 SiO_2 过量时才会与 Na_2CO_3 反应生成 Na_2SiO_3。因此，粉煤灰-碳酸钠体系的煅烧产物物相取决于粉煤灰中 $n(SiO_2)$ 与 $n(Al_2O_3)$ 的比值。当 $n(SiO_2):n(Al_2O_3)>2$ 时除了生成 $NaAlSiO_4$ 之外还会有相应的 Na_2SiO_3 产生；当体系中 $n(SiO_2):n(Al_2O_3)=2$ 时，正好完全生成 $NaAlSiO_4$；当 $n(SiO_2):n(Al_2O_3)<2$ 时除了生成 $NaAlSiO_4$ 之外，还会有相应量的 $NaAlO_2$ 产生。本实验原料中 $n(SiO_2):n(Al_2O_3)=2.1127>2$，这解释了煅烧产物 XRD 图中没有 $NaAlO_2$ 的峰值的原因，但同时 XRD 图中也没有 Na_2SiO_3 的特征峰，这可能是因为 SiO_2 过量较少，因而生成的 Na_2SiO_3 较少，在图上得不到明显反映。

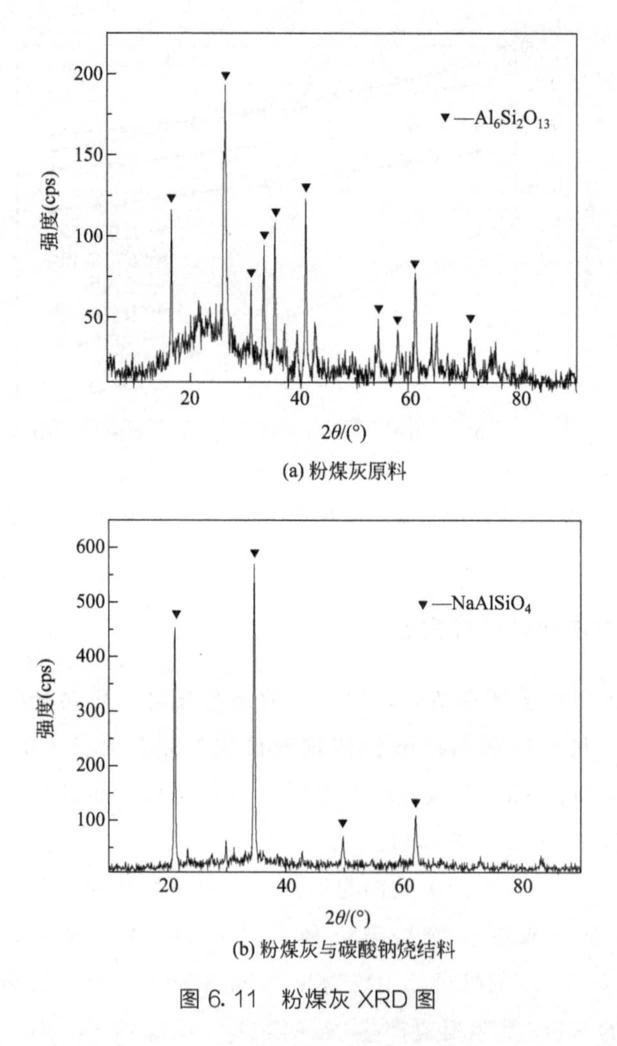

(a) 粉煤灰原料

(b) 粉煤灰与碳酸钠烧结料

图 6.11 粉煤灰 XRD 图

实验得到的煅烧产物 $NaAlSiO_4$ 为易溶于酸或碱的化合物，为后续有效利用粉煤灰提供了良好条件。煅烧实验结果与热力学理论计算结果相吻合，煅烧主要产物为 $NaAlSiO_4$。

6.3.3 石灰煅烧法与纯碱煅烧法对比分析

表 6.6 为石灰煅烧法与纯碱煅烧法对比分析，由表可以看出，石灰煅烧法需要在 1300℃左右的高温环境下煅烧，能耗高，投资大，但其部分工艺过程与现在氧化铝工业基本相同，比较易于工业化。最具代表性的是大唐集团开发的预脱硅-碱石灰烧结法工艺，其能耗、物耗和生产成本较高，还

需要不断地优化工艺参数，因此国家也积极支持有关企业和科研院所对其他工艺路线的探索和研发。

相对石灰煅烧法来说，纯碱煅烧法煅烧温度较低，在800～900℃之间。且以1kg粉煤灰为基准需消耗石灰大约1.624kg，消耗纯碱大约0.848kg，故其工艺能耗低、碱耗少，且基本无“三废”排出，避免了消耗石灰石等一次性资源，符合国家发展循环经济的要求。因此，纯碱煅烧法可以作为高铝粉煤灰资源化利用的另一有效途径，对其工艺过程及参数可做深入研究。

表 6.6 石灰煅烧法与纯碱煅烧法对比分析

参数	煅烧温度/℃	消耗石灰（纯碱）与粉煤灰质量比	煅烧产物
石灰煅烧法	1300	1.624	$12CaO \cdot 7Al_2O_3$
纯碱煅烧法	850	0.848	$NaAlSiO_4$

6.4 纯碱煅烧法工艺参数研究

粉煤灰与碳酸钠的煅烧过程中的工艺参数，如粉煤灰与碳酸钠配比、煅烧温度、煅烧时间等对氧化铝的提取率影响较大，优化工艺参数得到理想的煅烧产物，对后续提取氧化铝至关重要。因此，在热力学研究与分析的基础上，本节研究了粉煤灰与纯碱煅烧过程的物料配比、煅烧温度、煅烧时间等参数。

6.4.1 实验原料及实验设备

(1) 实验原料

山西朔州高铝粉煤灰、碳酸钠（分析纯）、硫酸（分析纯）、蒸馏水。

(2) 主要试剂

硫酸锌标准溶液：1mL硫酸锌溶液相当于25.5mg三氧化二铝；EDTA

标准溶液：0.05mol/L。乙酸-乙酸钠缓冲溶液：pH＝5.9。1％的酚酞溶液，0.1％二甲酚橙指示剂，氨水，6mol/L盐酸，氟化钾。

(3) 实验设备

箱式电阻炉（型号SRJX-4-43），电热恒温水浴锅（型号HH-2型）；电热恒温干燥箱，真空干燥箱；电子分析天平（精确度0.1mg），研钵，坩埚，烧杯，锥形瓶，量筒，容量瓶，滴定管，滴定架，玻璃棒等。

6.4.2 实验方法

(1) 研究方法

① 将粉煤灰研磨至200目以下，与一定量碳酸钠混合均匀后放入马弗炉中煅烧。

② 将粉煤灰与碳酸钠按照不同比例（1∶0.3，1∶0.6，1∶0.85，1∶1.1，1∶1.3）均匀混合，在850℃下恒温1h后进行X射线衍射分析。

③ 将粉煤灰与碳酸钠按1∶0.85的比例均匀混合，在700℃、750℃、850℃、880℃、950℃五个不同温度段下恒温1h后进行X射线衍射分析。

④ 将粉煤灰与碳酸钠按1∶0.85的比例均匀混合，在880℃下分别恒温0.5h、1h、1.5h、2h、2.5h后进行X射线衍射分析。

(2) 试剂配制

二水合乙二胺四乙酸二钠（EDTA）溶液：称取1.86gEDTA，置于200mL烧杯中，用热水溶解，冷却至室温后移入500mL容量瓶中，用水稀释至刻度，混匀待用。

缓冲溶液（pH5.9）乙酸-乙酸钠：将200g无水乙酸钠溶于水中，加入6mL冰乙酸，加蒸馏水稀释至1000mL，混合备用。

硫酸锌标准溶液：称取2.2g硫酸锌溶于水后，500mL容量瓶中，混合均匀得到1mg/mL的溶液。

1％的酚酞溶液：1g酚酞溶于100mL分析纯的95％乙醇中。

0.1％的二甲酚橙：0.1g二甲酚橙溶于100mL pH值为5.9的缓冲溶液中，储存期不超过15d。

(3) 氧化铝的测定方法

EDTA 容量法：移取过滤后得到的滤液 25mL，加水稀释到约 100mL，放于锥形瓶内。加入 0.05mol/L EDTA 25mL，加入酚酞指示剂 1 滴，用 1∶1 氨水中和至刚出现红色，再加 1∶1 盐酸到红色消失，最后加 pH 值为 5.9 的缓冲溶液 10mL，放于电炉上煮沸几分钟，使铁、铝、钛、铜、铅、锌等离子与 EDTA 络合完全，然后冷却至室温，加入几滴二甲酚橙指示剂，立即用 2%硫酸锌标准溶液回滴余下的 EDTA，直到颜色变为橙红色。此时，加入 10%氟化钾溶液 10mL，将溶液加热煮沸几分钟，使铝生成更稳定的 AlF_6^{3-} 络离子，完全置换出与 Al^{3+} 络合的 EDTA。待溶液冷却到室温，再加 2 滴二甲酚橙指示剂仍用 2%硫酸锌标准溶液滴定转换出的 EDTA 到终点[11]。氧化铝的浸出率根据式（6.17）计算。

$$L=\frac{A\times V}{m}\times 100\% \tag{6.17}$$

式中 L——Al_2O_3 的浸出率，%；

A——1mL 硫酸锌溶液相当于氧化铝的量，1mL 硫酸锌溶液相当于 25.5mgAl_2O_3；

V——所滴定的硫酸锌体积数，mL；

m——氧化铝质量，g。

铜、铅、锌、钴、镍和铁均与 EDTA 发生络合。但加入氟化物后，却不能将这些金属络合物中的 EDTA 取代出来，因而不干扰铝的测定。虽然钛、锆、锡、钍等的 EDTA 络合物也能与氟化物起反应而影响测定，但一般粉煤灰中这些元素含量甚微，故其影响可略而不计。

6.4.3 性能与表征

(1) X 射线衍射法（XRD）

采用 X 射线衍射分析来对高铝粉煤灰原样、烧结热处理后的粉煤灰样品以及经浸取溶液浸取后的粉煤灰残渣进行测试，分析其矿物组成和结构的变化。

本研究采用 X 射线光谱仪为日本理学公司生产的 D/max-2400 型 X 射

线粉末衍射仪，工作条件为 Cu 靶 Ka 辐射，42kV，100mA。

(2) 热重差热分析 (TGA)

采用综合热分析仪对粉煤灰与碳酸钠反应过程中质量变化和温度的关系进行检测，分析了粉煤灰与碳酸钠的反应温度范围及反应过程的质量变化情况。采用上海精密科学仪器有限公司 ZRY-2P 综合热分析仪测试粉煤灰热效应变化。

6.4.4 纯碱煅烧法工艺参数研究

本部分实验主要研究了纯碱煅烧法中粉煤灰与碳酸钠在不同配比、不同煅烧温度、不同煅烧时间下热处理时，不同的热处理条件对氧化铝浸出率的影响，确定纯碱煅烧法的工艺条件，由此可获得较高的氧化铝浸取率。

(1) 物料配比

① 理论配比计算。本文研究的高铝粉煤灰中的 SiO_2 和 Al_2O_3 的物质的量比值为 2.1∶1，反应式如下。

$$Na_2CO_3 \longrightarrow Na_2O + CO_2\uparrow \quad (6.18)$$

$$Na_2O + Al_2O_3 \longrightarrow 2NaAlO_2 \quad (6.19)$$

$$Na_2O + SiO_2 \longrightarrow Na_2SiO_3 \quad (6.20)$$

$$3Na_2O + 4SiO_2 + 3Al_2O_3 \cdot 2SiO_2 \longrightarrow 6NaAlSiO_4 \quad (6.21)$$

可以看出反应中 SiO_2、Al_2O_3 和 Na_2CO_3 的反应物质的量比值均为 1∶1。经过计算，粉煤灰与碳酸钠的理论混合比为 1∶1.198。计算过程如下：

$$\frac{\text{粉煤灰质量}}{\text{碳酸钠质量}} = \frac{(2.1\times 60 + 1\times 102)/83.14\%}{(2.1+1)\times 106} = 1/1.198 \quad (6.22)$$

式中 106——Na_2CO_3 的摩尔质量，g/mol；

102——Al_2O_3 的摩尔质量，g/mol；

60——SiO_2 的摩尔质量，g/mol。

② 煅烧。将粉煤灰与纯碱 Na_2CO_3 按不同比例混合，比例分别设定为：1∶0.3，1∶0.6，1∶0.85，1∶1.1，1∶1.3 后，混合物研磨后置于马弗炉中煅烧，温度设定为 800℃，时间设定为 90min。将这五种条件下煅烧后的粉煤灰进行 X 射线衍射分析，衍射结果如图 6.12 所示。

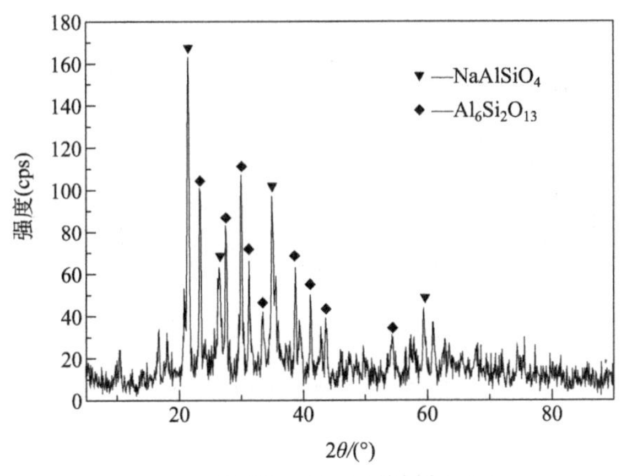

(a) 粉煤灰与Na_2CO_3比例为1：0.3

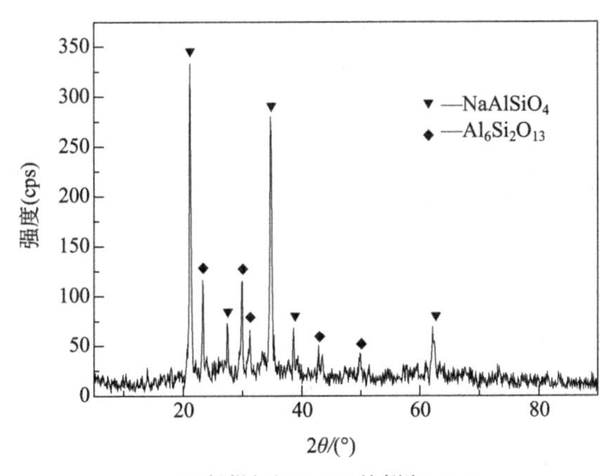

(b) 粉煤灰与Na_2CO_3比例为1：0.6

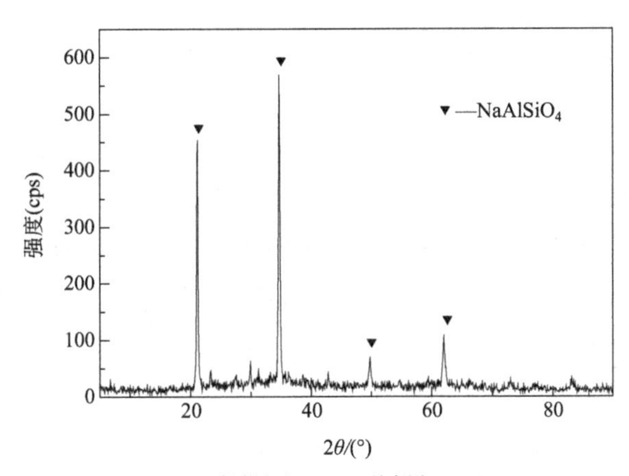

(c) 粉煤灰与Na_2CO_3比例为1：0.85

图 6. 12

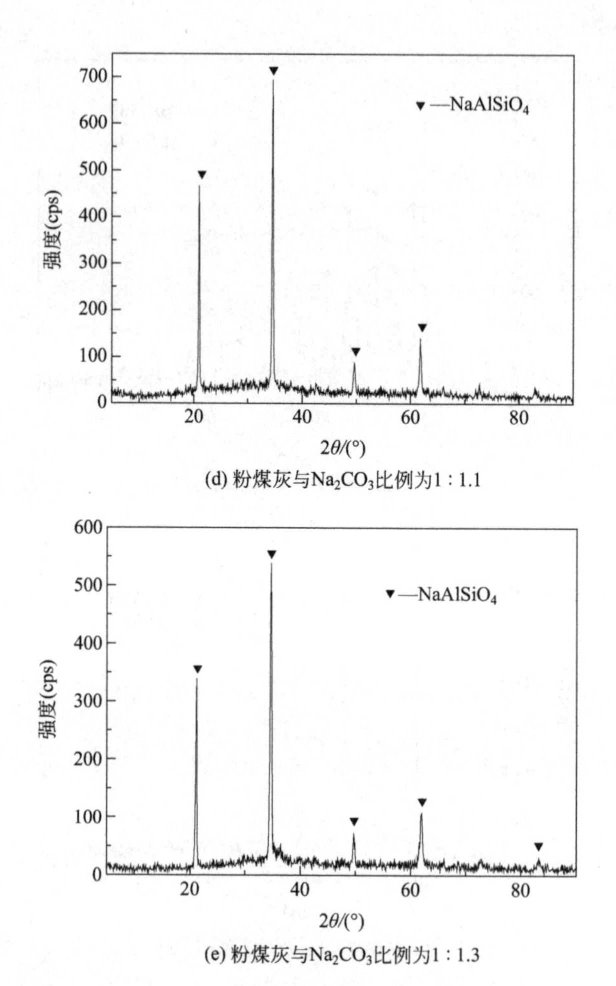

(d) 粉煤灰与Na_2CO_3比例为1∶1.1

(e) 粉煤灰与Na_2CO_3比例为1∶1.3

图 6.12 粉煤灰与碳酸钠不同配比下烧结产物 XRD 图

由图 6.12 中 (a)～(e)可以看出，当粉煤灰与 Na_2CO_3 比例为 1∶0.3 时，反应产物的 X 射线衍射图主要是莫来石的特征峰，说明 Na_2CO_3 用量不能使粉煤灰中的莫来石完全反应；随着 Na_2CO_3 用量的增加，当粉煤灰与 Na_2CO_3 比例为 1∶0.6 时，粉煤灰中莫来石的含量越来越少，反应产物中莫来石的 X 射线衍射特征峰逐渐减弱并消失，霞石的特征峰逐渐增强。

当粉煤灰与 Na_2CO_3 比例为 1∶0.85 时，反应产物的 X 射线衍射图中已经完全看不出了莫来石的特征峰，大部分生成了霞石的特征峰和一些长石类的峰。当碳酸钠的含量再增加时，碳酸钠与霞石发生作用，使熟料中硅酸根对称程度降低，生成结构较为复杂的硅酸盐。说明在粉煤灰与

Na_2CO_3 比例为 1∶0.85 的条件下，粉煤灰中几乎所有的莫来石都与碳酸钠反应完全，生成了霞石，使粉煤灰的活性大大增加了。

霞石是一种酸溶性物质，霞石溶于酸后，可以将莫来石晶相中的硅和铝等有用的组分释放出来，达到综合利用粉煤灰的目的。

③ 粉煤灰与碳酸钠配比对氧化铝浸出率的影响。将煅烧样品分别取 2g，加入 15mL 9mol/L H_2SO_4 溶液，加蒸馏水至 300mL，用磁力搅拌器在 80～90℃下浸取 1h 后过滤，测定滤液中的铝含量，利用公式（6.17）计算浸出率。所得结果如图 6.13 所示。

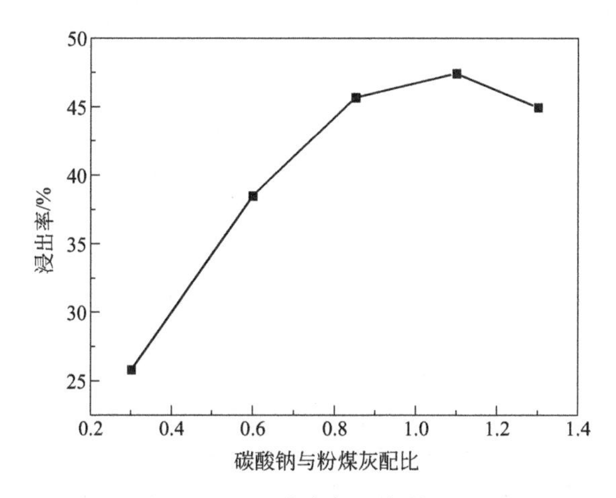

图 6.13 浸出率与配比关系图

从图 6.13 可以看出，氧化铝浸出率随着碳酸钠量的增加而增大。在碳酸钠与粉煤灰比值小于 1.18 时，氧化铝的浸出率随配比值的增大而增加，随着其配比值的继续增大，氧化铝的浸出率发生细微变化，在配比值为 1.3 时，浸出率反而发生微量的减少，由于变化细微，推测可能是由于实验误差造成。

从该高铝粉煤灰样品的化学成分分析表 6.1 中可以看出，该粉煤灰的烧失量比较大，因此理论计算的粉煤灰与碳酸钠比例范围与实验所得结果有时候会存在较大误差。综合以上 X 射线衍射分析以及氧化铝浸出率分析最终将粉煤灰与碳酸钠的比例确定为 1∶0.85。

(2) 煅烧温度

① TG-DTA 分析。取粉煤灰于研钵中研磨至 200 目之下，与无水碳酸钠按 1∶0.85 的比例均匀混合，将混合均匀后的物料移入热重分析仪中，采

用上海精密科学仪器有限公司 ZRY-2P 综合热分析仪测试粉煤灰热效应变化，升温速率控制为 10℃/min。热重测试结果如图 6.14 所示。

从图 6.14 中可以看出，粉煤灰与碳酸钠开始煅烧后，在 80℃左右二者的质量均略有下降，质量减少 1.14%，在 80～100℃之间有个微小的吸热峰，这是由于粉煤灰中的自由水遇热蒸发所引起的，减少的质量仅为蒸发的水分质量。质量曲线总体呈平行状，直到温度上升为 550℃时，热重曲线开始缓慢下降，这是由于莫来石中的结晶水开始失去，因此质量慢慢减少，但减少的幅度并不大，由此可说明在 550℃之前碳酸钠并未开始分解，且粉煤灰和碳酸钠并没有发生化学反应，差热曲线也在此时开始发生细微变化。

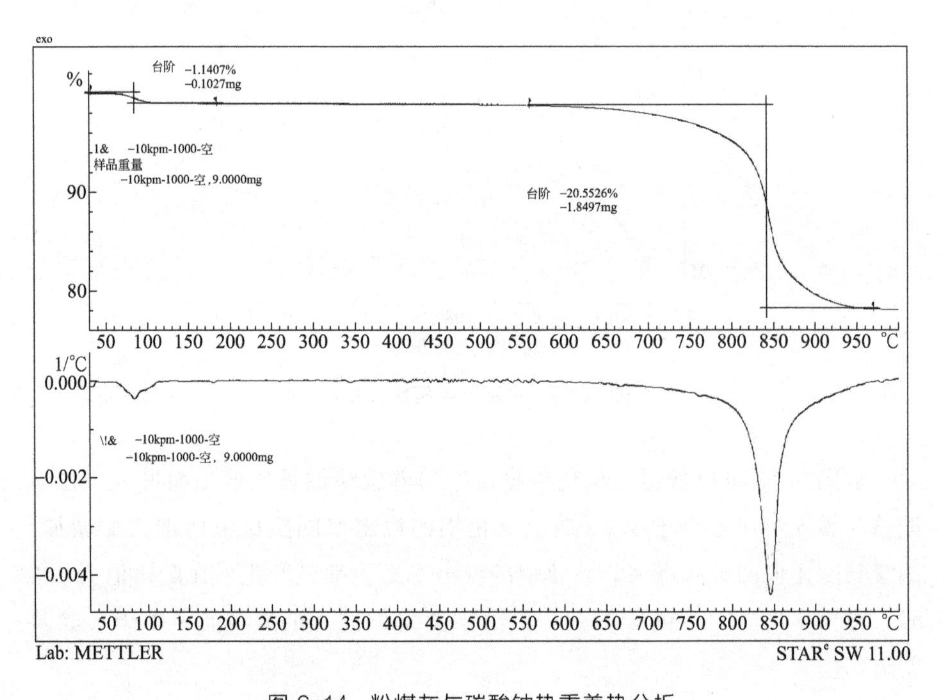

图 6.14　粉煤灰与碳酸钠热重差热分析

当温度达到 750℃左右时，质量曲线下降幅度开始增大，下降速率也慢慢增加，说明在此温度下碳酸钠开始分解，粉煤灰和碳酸钠在此时开始发生反应；当温度达到 850℃左右时，热重曲线的下降速率达到最大，说明此时粉煤灰和碳酸钠的反应非常剧烈，试样的质量下降非常迅速，达 20.5526%，而此时的差热曲线上出现了强烈的吸热峰，在接近 900℃之后，吸热峰逐渐减弱。

当煅烧温度继续上升为850℃之后，试样的质量仍然在下降。当温度达到880℃左右时，质量下降速率逐渐变缓，说明此时粉煤灰和碳酸钠的反应逐渐减弱。当温度达到950℃时，试样的质量不再减少，也没有出现明显的吸热峰，反应基本达到平衡状态。因此可得出结论：粉煤灰和碳酸钠在750℃左右开始发生反应，在850℃时反应最为剧烈，达到880℃后，反应逐渐减弱，因此可以将粉煤灰与碳酸钠的煅烧范围确定在750～950℃之间。

② X射线衍射分析。将粉煤灰与碳酸钠按照1∶0.85的比例进行混合，用研钵研磨均匀，称量5份质量为10g的混合物，分别在700℃、750℃、850℃、880℃、950℃下煅烧，保温时间90min。将烧结后的产物做X射线衍射分析，分析结果如图6.15。

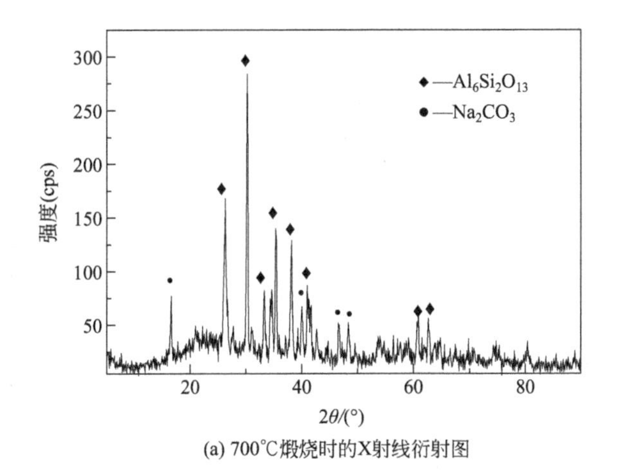

(a) 700℃煅烧时的X射线衍射图

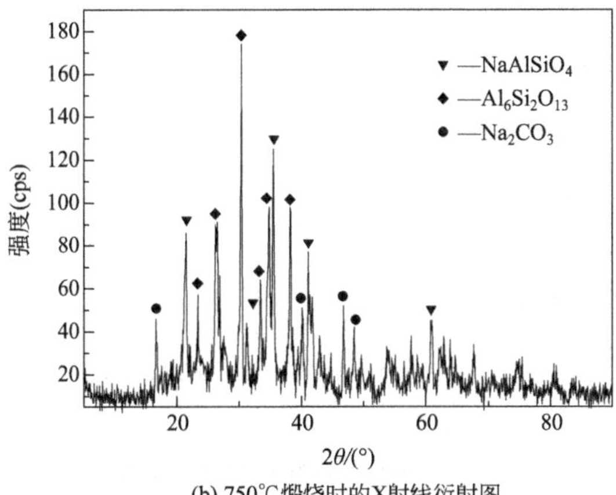

(b) 750℃煅烧时的X射线衍射图

图6.15

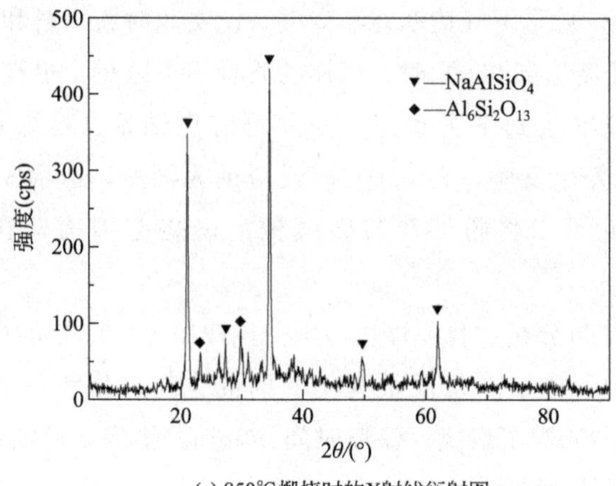

(c) 850℃煅烧时的X射线衍射图

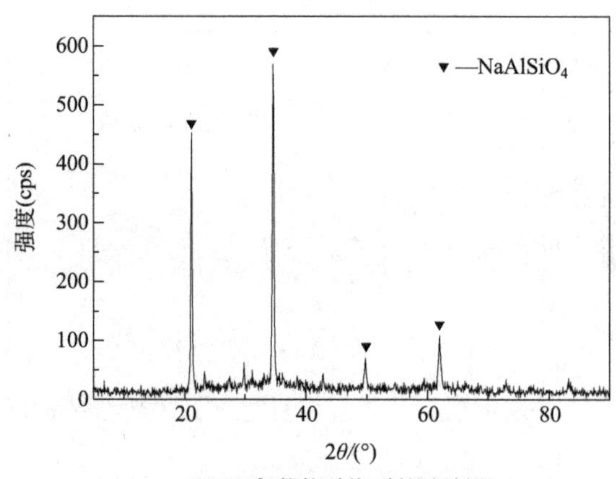

(d) 880℃煅烧时的X射线衍射图

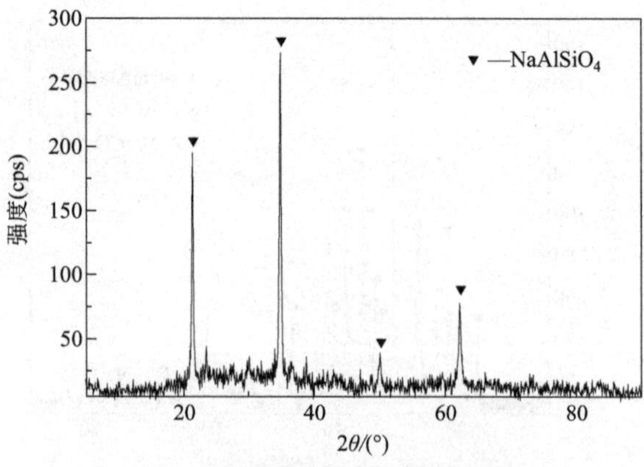

(e) 950℃煅烧时的X射线衍射图

图 6.15　粉煤灰与碳酸钠不同温度下烧结产物 XRD 图

通过X射线衍射分析，发现当温度不断升高时，粉煤灰中莫来石的特征峰在不断减弱，说明粉煤灰中莫来石的含量在不断减少。在700℃下煅烧，样品中莫来石的衍射峰并没有明显的变化，样品中的主要矿物依然是莫来石，说明温度低的时候，粉煤灰与碳酸钠不能充分反应，并且还有未参加反应的碳酸钠；在750℃下煅烧后，虽然在原有的基础上莫来石的特征峰有所减弱，但并不是完全消失，说明温度升高，粉煤灰与碳酸钠反应更充分，依然有未反应完的碳酸钠，但较700℃下的碳酸钠含量明显减少；在850℃时莫来石峰已经很不明显，已经生成霞石相以及剩余的少量莫来石，说明在750~850℃还不是热处理粉煤灰的最佳温度段；在880℃下煅烧后的粉煤灰，莫来石的特征峰几乎完全消失，说明在880℃下，粉煤灰中的几乎所有的莫来石已经完全反应，都转为了可溶性较强的非晶相物质，这种非晶相物质以霞石为主，霞石是粉煤灰与碳酸钠发生反应后的产物，只有将莫来石转变为霞石，才能增强粉煤灰的活性，进一步提高利用率，因此880℃是煅烧粉煤灰的最佳温度；在950℃时，出现了霞石的特征峰，莫来石峰几乎没有。考虑到节约能源的问题，可以将用碳酸钠与粉煤灰的热处理温度定在800～900℃。

③ 煅烧温度对氧化铝浸出率的影响。将不同煅烧温度下得到的五种煅烧样品分别取2g，加入15mL 9mol/LH_2SO_4溶液，加蒸馏水至300mL，用磁力搅拌器在80～90℃下浸取1h后过滤，测定滤液中的铝含量，利用公式（6.17）计算。所得结果如图6.16。

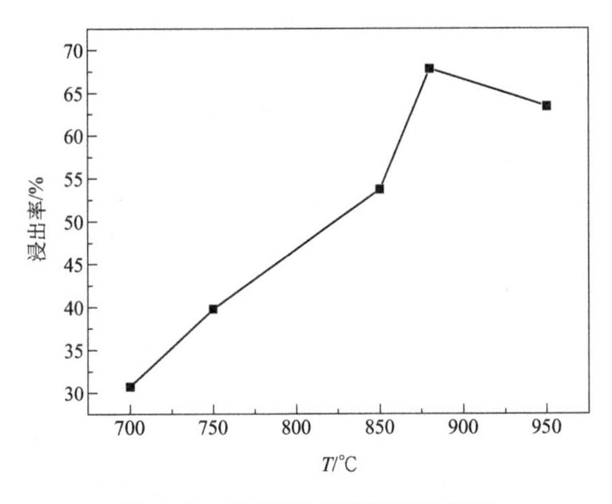

图6.16 浸出率与煅烧温度关系图

由图 6.16 可以看出，煅烧温度对氧化铝的浸出率影响较大。从 700～880℃温度范围之间，氧化铝浸出率随温度升高而增大，增加近一倍多，当温度达到 950℃时，浸出率有微量减少。综合以上分析结果可知，此粉煤灰样品与碳酸钠最佳煅烧温度为 880℃。在此温度下煅烧可得到较高的氧化铝提取率，有利于后续的氧化铝制备。

(3) 煅烧时间

① X 射线衍射分析。将粉煤灰与碳酸钠以 1∶0.85 的比例进行混合，取五个坩埚，向每个坩埚内放入相同质量的混合均匀后的样品，温度设定为 880℃，将五个坩埚放入马弗炉中煅烧，0.5h 后取出第一个反应后的样品，1h 后取出第二个反应后的样品，1.5h 后取出第三个反应后的样品，2h 后取出第四个反应后的样品，2.5h 后取出第五个反应后的样品。对五个样品分别进行 X 射线衍射分析，衍射结果如图 6.17 所示。

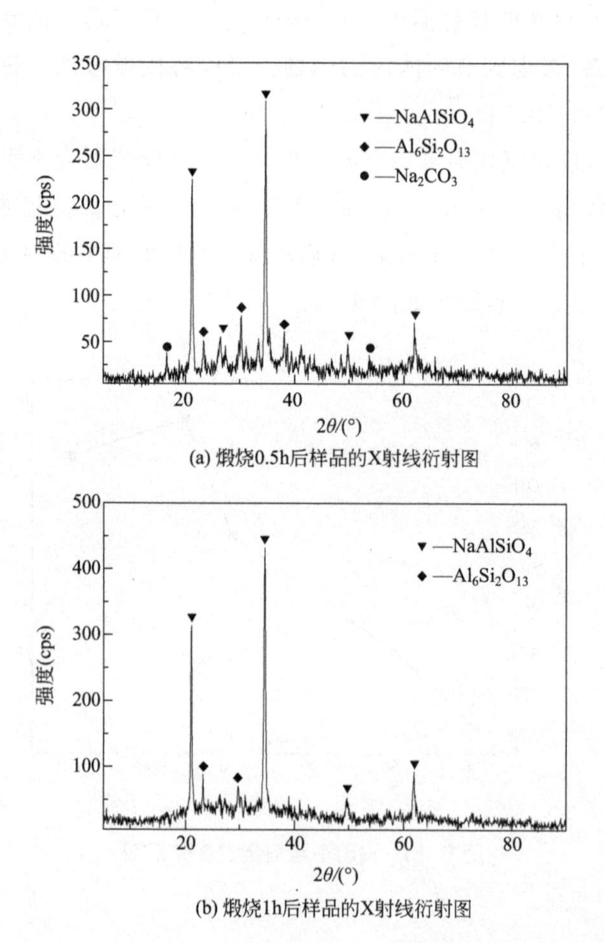

(a) 煅烧0.5h后样品的X射线衍射图

(b) 煅烧1h后样品的X射线衍射图

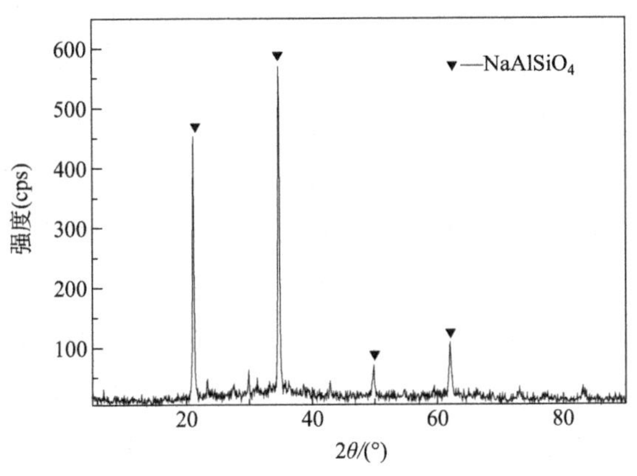

(c) 煅烧1.5h后样品的X射线衍射图

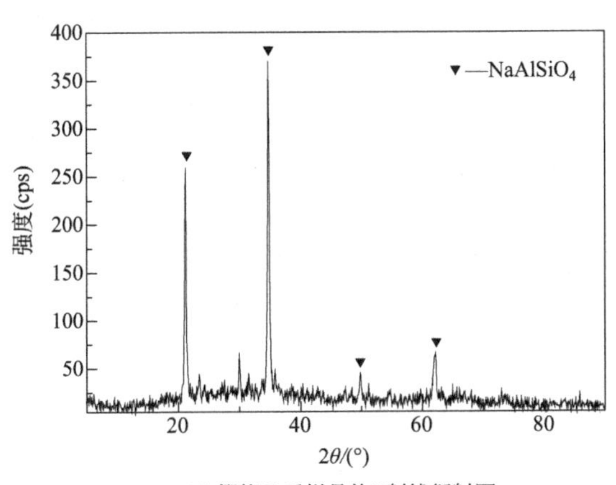

(d) 煅烧2h后样品的X射线衍射图

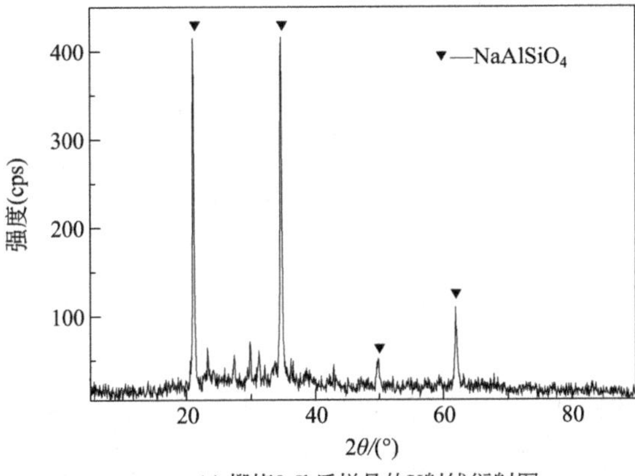

(e) 煅烧2.5h后样品的X射线衍射图

图 6.17 粉煤灰与碳酸钠不同时间下烧结产物 XRD 图

通过 X 射线衍射分析，随着煅烧时间的不断增加，莫来石的含量在不断减少，而霞石的含量不断增加。在样品煅烧 30min 后，粉煤灰中莫来石的特征峰依然存在，说明煅烧 30min 时，粉煤灰中的莫来石并没有和 Na_2CO_3 反应完全，仍然残留了许多的莫来石，并且煅烧试样中还存在少量的碳酸钠；当反应进行到 60min 时，经 XRD 分析，莫来石的特征峰明显减少了，说明粉煤灰中的莫来石大多数已经与 Na_2CO_3 反应，仅有少量残余，但仍有部分碳酸钠特征峰；而当煅烧时间继续延长到 90min 时，在 XRD 图中已经没有莫来石的特征峰了，完全转化为霞石的特征峰，说明此时粉煤灰与碳酸钠已完全反应；当继续延长煅烧时间时，对粉煤灰的活化效果已经不明显了，XRD 图中均为霞石的特征峰，考虑到能耗和成本的问题，将粉煤灰与碳酸钠的煅烧时间定为 90min。

② 煅烧时间对氧化铝浸出率的影响。将不同煅烧时间下得到的五种煅烧样品分别取 2g，加入 15mL 9mol/LH_2SO_4 溶液，加蒸馏水至 300mL，用磁力搅拌器在 80～90℃下浸取 1h 后过滤，测定滤液中的铝含量，利用公式（6.17）计算浸出率。所得结果如图 6.18。

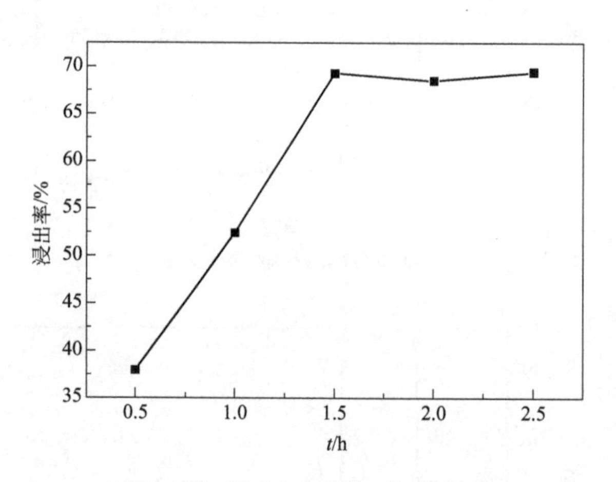

图 6.18 浸出率与煅烧时间关系图

由图 6.18 可以看出，保温时间不同，氧化铝浸出率也有很大差距。在保温时间为 1h 时，氧化铝浸出率为 52.4%，保温 1.5h 时，浸出率达到 69.3%，再延长保温时间后，浸出率几乎保持不变，所得结果与 XRD 分析基本一致。综合以上分析，此高铝粉煤灰样品与碳酸钠混合煅烧 1.5h 是最优煅烧时间，此条件下可得到较高的氧化铝提取率。

6.5 熟料浸取反应参数及反应动力学研究

粉煤灰与碳酸钠的煅烧产物霞石（$NaAlSiO_4$）在硫酸溶液中的浸出铝反应，是纯碱煅烧法从粉煤灰中提取氧化铝的一个重要工序，它直接影响到最终氧化铝的浸出率。因此，研究不同浸取条件对氧化铝浸出率的影响以及浸取反应过程动力学，探索浸取过程铝的反应行为，找出过程的控制步骤，寻求浸取过程的强化措施，是粉煤灰中提高氧化铝回收率的关键。

6.5.1 熟料浸取反应基本原理

采用纯碱煅烧法从粉煤灰中提取氧化铝的物料煅烧过程中，粉煤灰中以莫来石（$3Al_2O_3 \cdot 2SiO_2$）形态存在的氧化铝、氧化硅和碳酸钠反应，生成易溶于酸性介质的霞石（$NaAlSiO_4$）。要从粉煤灰中提取氧化铝，就必须溶解霞石，使其中的硅铝分离。向烧结产物 $NaAlSiO_4$ 中加入硫酸，发生的主要化学反应为：

$$NaAlSiO_4 + 4H^+ + mH_2O \longrightarrow Na^+ + Al^{3+} + SiO_2 \cdot (m+2)H_2O \text{（胶体）} \tag{6.23}$$

煅烧产物在硫酸溶液中的浸取反应属于液-固多相反应过程，提高浸取过程氧化铝的浸出率是从粉煤灰中提取氧化铝的关键。

6.5.2 浸取条件对氧化铝浸出率的影响

（1）硫酸浓度对氧化铝浸出率的影响

将粉煤灰与碳酸钠按 1∶0.85 的比例均匀混合，在 880℃下保温 1.5h 后温度降低到一定温度后取出，冷却至室温。称取试样 2g，分别加 15mL 5mol/L、6mol/L、7mol/L、8mol/L、9mol/L、10mol/L H_2SO_4 溶液，加蒸馏水至 300mL，加热微沸浸取 1h 后过滤，测定溶液中的铝含量，计算氧化铝的浸出率，所得结果如图 6.19 所示。

从图 6.19 中可以看出，滤液中的铝含量随着硫酸浓度的增加而增大，浓度在7mol/L之前其浸出率增幅较大，在7mol/L之后增幅减小，趋于平缓，9mol/L H_2SO_4 与10mol/L H_2SO_4 溶液的氧化铝浸取率几乎相同，因此 H_2SO_4 溶液浓度在7～9mol/L之间可得到较高的氧化铝提取率，本实验选定 H_2SO_4 溶液的最佳浓度为8mol/L。

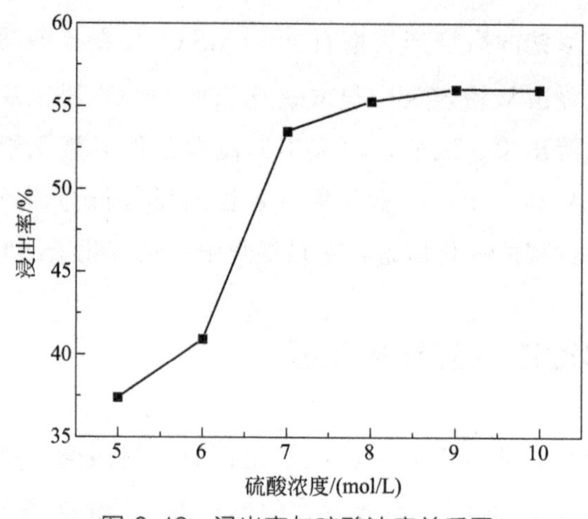

图6.19　浸出率与硫酸浓度关系图

(2) 固液比对氧化铝浸出率的影响

将粉煤灰与碳酸钠按1∶0.85的比例均匀混合，在880℃下保温1.5h后温度降低到一定温度后取出，冷却至室温。称取试样4g，分别加4mL、8mL、12mL、16mL、20mL、24mL 8mol/L H_2SO_4 溶液，加蒸馏水至300mL，加热微沸浸取1h后过滤，测定溶液中的铝含量，计算氧化铝的浸出率，所得结果如图6.20所示。

由图6.20可以看出，氧化铝的浸出率随着固液比的减小而增大。硫酸加入量对氧化铝的浸出率影响较大，固液比为1∶4之后，氧化铝浸出率增幅减小，基本达到平衡状态，故最优的硫酸加入量应在20mL左右。

(3) 浸出时间对氧化铝浸出率的影响

将粉煤灰与碳酸钠按1∶0.85的比例均匀混合，在880℃下保温1.5h后冷却到一定温度后取出，室温下急冷。称取试样4g，加入20mL 8mol/L H_2SO_4 溶液，加蒸馏水至300mL，分别于90℃水浴中反应10min、20min、30min、40min、50min、60min后过滤，测定溶液中铝的含量，计算氧化铝的浸出率，所得结果如图6.21。

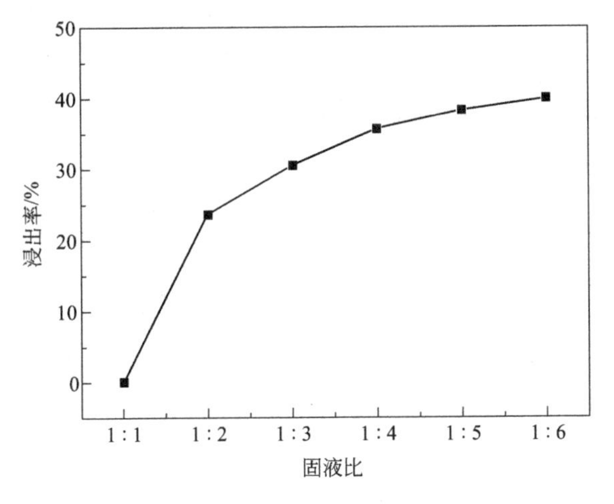

图 6.20 浸出率与固液比关系图

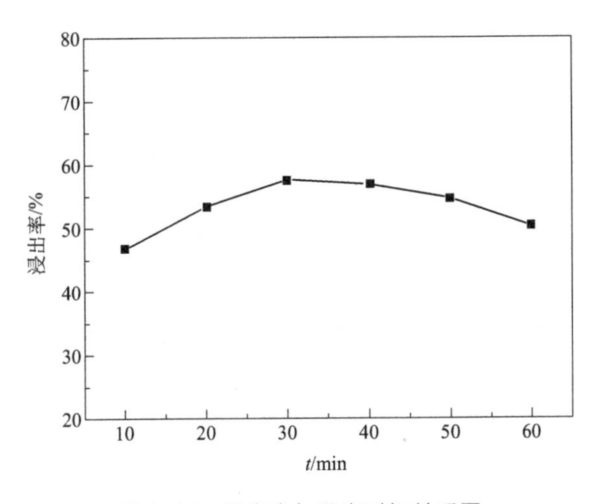

图 6.21 浸出率与浸出时间关系图

从图 6.21 中可以看出，氧化铝的浸出率随浸取时间的变化没有太大改变，反应时间在 30min 之前，氧化铝的浸出率随反应时间的增大有小幅度增加，在 30min 之后，反应时间增大其氧化铝的浸出率变化不明显，在反应时间达到 60min 时，浸出率反而减小，这是由于反应时间过长，溶液在反应过程中有部分蒸发损耗。综合考虑时间、浸出率、能耗等问题，选定 H_2SO_4 溶液的浸取时间为 30min。

(4) 浸出温度对氧化铝浸出率的影响

将粉煤灰与碳酸钠按 1∶0.85 的比例均匀混合，在 880℃下保温 1.5h

后冷却到一定温度后取出，室温下急冷。称取试样 4g，加入 20mL 8mol/L H_2SO_4 溶液，加蒸馏水至 300mL，分别与 40℃、50℃、60℃、70℃、80℃、90℃、100℃下反应 30min 后过滤，测定溶液中铝的含量，计算氧化铝的浸出率，所得结果如图 6.22。

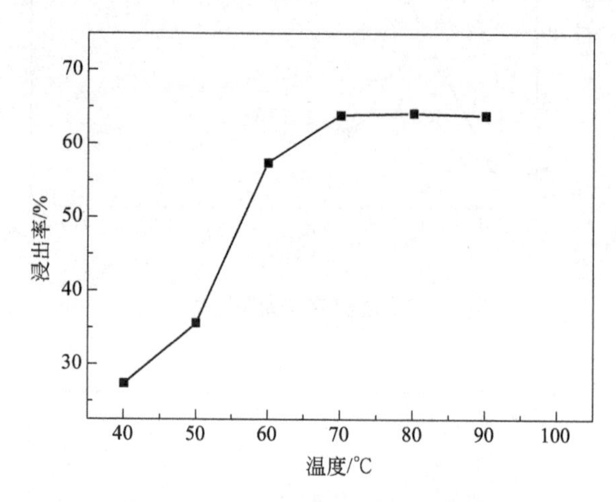

图 6.22 浸出率与浸出温度关系图

由图 6.22 可以看出，反应温度在 40～70℃之间变化时，氧化铝浸出率随温度的升高而增大；反应温度在 40℃时的浸出率为 27.3%，70℃时的浸出率增大为 67.75%，增幅较大；随着温度继续升高，在 70～90℃时氧化铝浸出率基本不变，说明浸取温度在 70～90℃之间是最优反应温度。因此，此工艺中的最佳浸取温度选择为 70℃。

6.5.3 粉煤灰提铝中熟料的浸取反应动力学研究

粉煤灰熟料酸浸提铝是粉煤灰中铝资源提取最为重要的环节之一。当条件控制不当时，会造成大量 Al_2O_3 的损失。因此，研究粉煤灰熟料酸浸反应动力学，探讨浸取反应中铝浸出规律以及浸出过程中浸取反应的控制步骤是提高铝浸出率的关键。

(1) 反应速率动力学方程

浸取是在固液界面进行的多相化学反应过程，与在固气界面进行的焙烧过程相似，大致包括扩散→吸附→化学反应→解吸→扩散等五个步骤。对于有固相产物层生成的液-固反应，其动力学方程有以下四种形式[12]：

① 外扩散控制模型。外扩散模型反应速率由液/固界面溶液层中反应物或生成物的扩散控制，并且矿物颗粒均匀。浸取液浓度在反应过程中保持不变的条件下，速率方程式表示为：

$$f=kt \tag{6.24}$$

式中 f——浸出率，%；

k——速率常数，min^{-1}；

t——化学反应时间，min。

② 内扩散模型。内扩散模型适用于浸取速率由浸取液或生成物通过固体松散层的扩散控制，并且物料原始颗粒均匀，在浸取液浓度基本不变条件下发生浸取反应，其速率方程可简单表达为：

$$1-\frac{2}{3}f-(1-f)^{2/3}=kt \tag{6.25}$$

③ 反应核收缩模型。该模型适用于固体颗粒随浸取过程而缩小，即整个浸取反应过程中无固体物质生成，且化学反应控制速率方程。当反应为一级反应时，其速率方程可简单表示为：

$$1-(1-f)^{1/3}=kt \tag{6.26}$$

④ 未反应核收缩模型。该模型适用于未反应核的界面因浸出而收缩，浸取反应生成松散状固体产物层，或未被浸取物料本身组成松散层，浸取溶液和生成物扩散通过松散固体层到达未反应核的浸取过程。

a. 当化学反应过程受表面化学反应控制时，速率方程式可简单表达为：

$$1-(1-f)^{1/3}=kt \tag{6.27}$$

b. 当反应过程受松散层扩散控制时，速率方程式可简单表达为：

$$1-3(1-f)^{2/3}+2(1-f)=kt \tag{6.28}$$

(2) 动力学实验及实验结果

在前期粉煤灰酸溶工艺研究的基础上，本研究选择将粉煤灰与碳酸钠按 1∶0.85 的比例均匀混合，在 880℃ 下保温 1.5h。取 20mL 8mol/L H_2SO_4 溶液，加蒸馏水至 100mL，加热当达到设定温度时加入熟料并计时，反应相应时间后过滤，测定溶液中氧化铝浸出率。研究在浸取温度分别为 50℃、60℃、70℃、80℃ 时熟料在不同反应时间下的氧化铝浸出率，见表 6.7。熟料中的氧化铝浸出率与反应时间的关系如图 6.23 所示。

表 6.7 不同浸出温度时在不同时间下的氧化铝浸出率 单位：%

时间/min	50℃	60℃	70℃	80℃
10	23.76	30.13	33.25	40.77
15	40.58	43.82	45.94	47.68
20	47.34	54.49	56.42	58.91
25	55.69	59.70	63.75	64.52
30	60.33	62.17	64.03	70.94

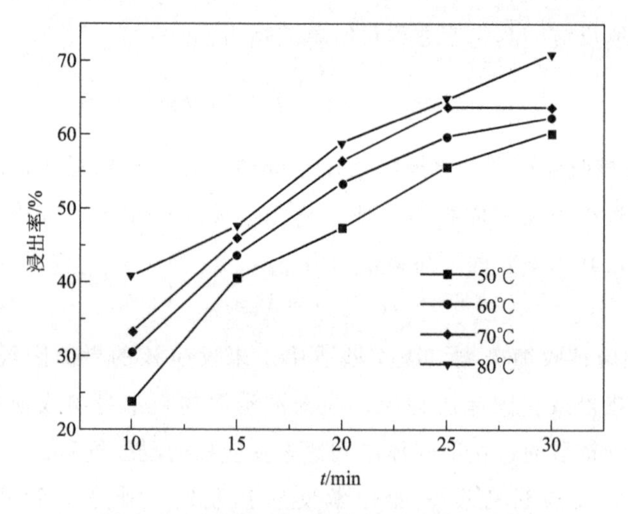

图 6.23 反应温度对氧化铝浸出率的影响

由图 6.23 可知，浸取反应温度对氧化铝浸出率有一定影响。相同反应温度下，反应时间越长，浸取反应进行越充分，氧化铝的浸出率越大；在相同反应时间内，反应温度越高，氧化铝的浸出率越高。这是因为粉煤灰与碳酸钠的反应产物霞石的溶解度随着温度的升高而增大，并且升高温度后，溶液的黏稠度减小，扩散系数增大，导致分子单位时间内有效碰撞的机会增多，分子运动速率加快，进而溶液的反应速率加快，促进了氧化铝的浸出。

(3) 反应速率动力学曲线

在 H_2SO_4 浓度 8mol/L、固液比 1∶4 的条件下，研究浸取温度分别为 50℃、60℃、70℃、80℃时，熟料在不同反应时间下的反应速率 Y，令 $Y=$

$1-\frac{2}{3}f-(1-f)^{\frac{2}{3}}$（其中 f 为浸出率），拟合结果如图 6.24 所示。可以看出，不同温度下反应过程的拟合程度较好，表明粉煤灰煅烧熟料浸出反应速率受内扩散控制。

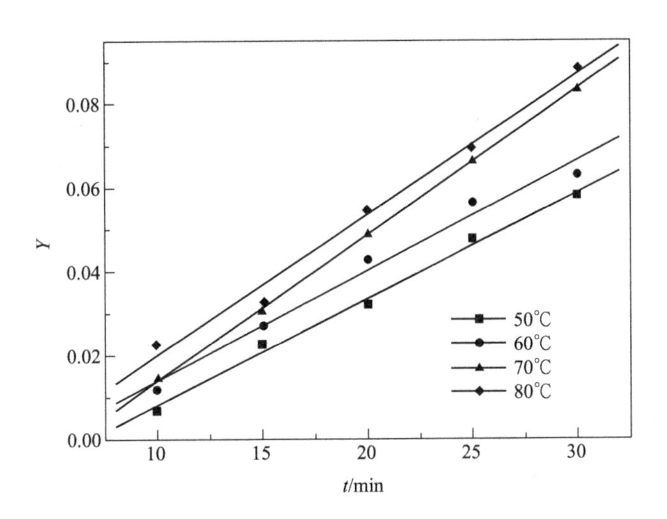

图 6.24　不同温度下 Y 与浸出时间的拟合关系

（4）反应活化能计算

根据阿伦尼乌斯公式可计算反应速率常数和反应活化能：

$$\ln k=\ln A-E/(RT) \tag{6.29}$$

式中　k——反应的速率常数；

A——指前因子或阿伦尼乌斯常数；

E——反应的活化能，J/mol；

R——气体常数，8.314J/(K・mol)；

T——热力学温度，K。

由图 6.24 可求出不同反应温度下的反应速率常数见表 6.8。据此数据做 $\ln k\sim 1/T$ 关系图 6.25，由斜率可得表观活化能 E，由截距可得指前因子 A。

由图 6.25 可得直线方程为 $\ln k=1.46-0.92/T$，根据阿伦尼乌斯方程计算其活化能 $E=0.92\times 8.314=7.65$kJ/mol。有资料显示，一般情况下，扩散控制的反应活化能较低，在 5～15kJ/mol[13]。本研究所得反应活化能为 7.65kJ/mol，由此可以判断该反应由内扩散控制。

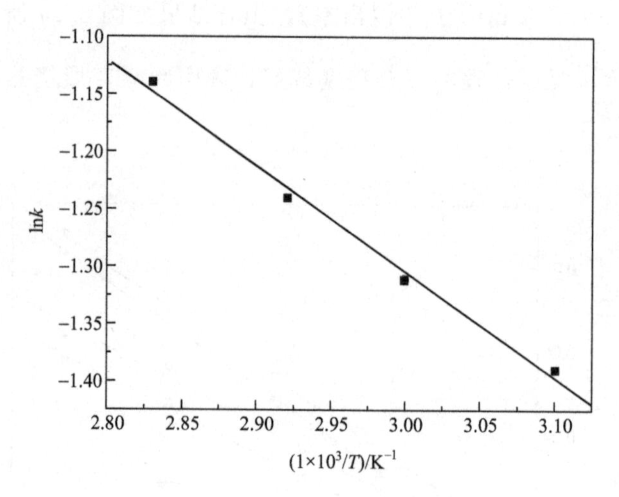

图 6.25 lnk 与 1000/T 关系图

表 6.8 不同温度下的反应速率常数

T/K	k	ln$k$	$(1\times10^3/T)$ /K^{-1}
323	0.25	−1.39	3.10
333	0.27	−1.31	3.0
343	0.29	−1.24	2.92
353	0.31	−1.14	2.83

6.6 本章小结

本章研究了山西朔州燃煤电厂粉煤灰的理化性能。以粉煤灰中提取氧化铝为目标，通过热力学分析、三元系相图分析和煅烧实验，系统研究了石灰煅烧法与纯碱煅烧法中粉煤灰热处理过程的热力学机理，并通过煅烧实验分析了其热力学行为。实验研究了纯碱煅烧法中粉煤灰热处理参数，确定了煅烧温度、煅烧时间以及物料配比，研究了氧化铝浸出过程中影响其浸出率大小的参数，以获得较高的氧化铝浸出率。通过建立浸出反应动力学模型研究了浸出动力学机理，实现粉煤灰的高附加值利用，对于实现循环经济具有重要意义。主要结论如下。

① 山西朔州燃煤电厂粉煤灰试样中 Al_2O_3 的含量为 37.07%(>30%)，CaO 含量为 4.42%(<5%)，属于低钙高铝粉煤灰；粉煤灰的主要晶相是莫来石相，含有大量硅酸盐玻璃相，该粉煤灰样品最基本的显微结构特点是：莫来石及部分硅铝质晶体矿物交叉构成基本框架，以非晶态 SiO_2 为主要成分的玻璃相充填其中或者覆盖在矿物表面。

② 相图分析、煅烧实验及热力学分析表明，粉煤灰与氧化钙在 700～1600K 温度范围内烧结主要生成 $12CaO \cdot 7Al_2O_3$、$2CaO \cdot Al_2O_3 \cdot SiO_2$ 和 $2CaO \cdot SiO_2$ 三种物质，其中 $12CaO \cdot 7Al_2O_3$ 是最容易生成并最稳定的化合物；在粉煤灰-碳酸钠体系，在 600～1200K 温度范围内 $NaAlSiO_4$ 是最容易生成的并且是最稳定的，其次是生成 Na_2SiO_3。将纯碱煅烧法与石灰煅烧法比较，前者在成本及能耗方面较有优势。

③ 粉煤灰纯碱煅烧实验研究表明，将粉煤灰与碳酸钠按 1∶0.85 的比例均匀混合于 880℃下保温 90min 后可得到较高的氧化铝浸出率。

④ 浸取条件对氧化铝浸出率的影响的研究可得：H_2SO_4 溶液的浓度在 7～9mol/L 之间，固液比为 1∶4、浸取时间在 30～40min 之间、浸取温度在 70～90℃之间时，可获得较高的氧化铝浸出率，浸出率最高为 67.8%；H_2SO_4 溶液浓度与浸取温度对氧化铝浸出率影响较大，浸取时间对浸出率影响不明显。

⑤ 浸出反应动力学研究表明，纯碱煅烧法从粉煤灰中提取氧化铝的物料浸出过程反应动力学符合液-固多相反应的内扩散控制模型；反应表观活化能为 7.65kJ/mol。

参考文献

[1] 徐涛，兰海平，杨超等.粉煤灰物理化学性质对比分析研究 [J].无机盐工业，2018，(7)：65-68.

[2] 李昊.中国铝土矿资源产业可持续发展研究 [D].北京：中国地质大学（北京），2010.

[3] 王丹妮.粉煤灰提取氧化铝技术发展综述 [J].中国煤炭，2014，(S1).

[4] 杨静，蒋周青，马鸿文，等.中国铝资源与高铝粉煤灰提取氧化铝研究进展 [J].地学前缘，2014，(5)：313-324.

[5] 赵璐.关于粉煤灰综合利用的现状与前景展望分析 [J].内蒙古煤炭经济，2016 (19)：65-66.

[6] 张永强.《粉煤灰综合利用管理办法》出台鼓励粉煤灰综合利用 [J].资源导刊：行政综合版，2013 (3).

[7] 周立霞，王起才. 粉煤灰粒度分布及其活性的灰色关联分析 [J]. 硅酸盐通报，2011，30 (3)：656-661.

[8] 吴萍. Al_2O_3-CaO-SiO_2 三元体系相图的研究 [D]. 上海大学，2009.

[9] 薛淑红. 石灰烧结法制备氧化铝技术研究 [D]. 西安建筑科技大学，2010.

[10] 叶大伦，胡建华. 实用无机物热力学数据手册 [M]. 北京：冶金工业出版社，2002.

[11] 刚玉系列晶体结构与相图 [EB/OL]. 2012-2-18..

[12] 李静，杨洁. 氟盐法取代 EDTA 容量法测定铝土矿三氧化二铝 [J]. 云南地质，2013 (2)：229-231.

[13] 朱晓岚. 无机材料科学基础 [M]. 2 版. 北京：化学工业出版社，2020.

[14] 张建波. 高铝粉煤灰协同活化制备莫来石工艺基础研究 [D]. 北京：中国科学院大学，2017.